インプレス R&D [NextPublishing]

技術の泉 SERIES
E-Book / Print Book

Azure無料プランで作る！
初めてのWebアプリケーション開発

窓川 ほしき ｜著

JavaScript初心者でもつくってみよう！
すべてAzure無料枠でできる
Webアプリケーション開発ガイド！

impress
R&D
An impress
Group Company

目次

はじめに	4
この本の目的	4
参考書	5
免責事項	5
表記関係について	5
底本について	5
開発ツールと公開までの全体像	6
必要な開発環境とアカウント、その入手先	6
必要な道具	6
インストール必須なアプリケーション	6
作成が必要なアカウント	7
クライアント開発で利用するアプリケーション	7
あると便利なアプリケーション	7
公開までの手順	7
開発言語として JavaScript を選択	8
サンプルのソースコードについて	8

第1章	スクレイピングアプリをローカルで作る	9
1.1	クライアントの表示 UI としてカレンダーを作成する	9
1.2	カレンダーに、追加の情報を表示する	11
1.3	ローカルで、動的な表示を行ってみる	12
1.4	ローカルでの Node.js のインストールとサンプルコードの動作確認	16
1.5	Twitter から特定のキーワードをスクレイピングする	21
1.6	スクレイピングしたデータをカレンダーに表示する	23

第2章	Azure の環境を準備して、スクレイピングアプリを公開する	30
2.1	GitHub アカウントとリポジトリの作成	30
2.2	Microsoft Azure アカウントの作成	34
2.3	Web サービスのリソース作成と GitHub リポジトリの紐付け	36
2.4	認証情報を設定する	40
2.5	さぁ、複数のデバイスからアクセスしよう	40

第3章	バッテリーを記録して、マルチデバイスから参照できるアプリを作る	42
3.1	データの保存先に、SQL データベースを選択	42

3.2	SQL Server Express のインストールと動作確認	43
3.3	SQLデータベースのテーブル構築	50
	3.3.1　SQLデータベースにテーブルを追加	50
	3.3.2　テーブルにデータを追加する	54
3.4	SQLデータベースへの、SQL Management Studio からのI/O確認	54
3.5	SQLデータベースへの、APIによるI/O確認	56

第4章　バッテリー記録アプリを、Azureサーバー上に公開する …………………… 59

4.1	Azure SQL のリソース作成と動作確認	60
4.2	Azure SQLデータベースのテーブル構築と動作確認	65
4.3	クライアントからのコマンドラインベースでAPI利用	68
	4.3.1　バッテリー残量をポーリングして記録する	68
	4.3.2　記録したバッテリー残量を任意の端末から参照する	69

第5章　起床と就寝を記録するWebブラウザアプリを公開 ……………………………… 71

5.1	起床と就寝のログを記録するアプリを設計	71
5.2	データベースの設計とSQLiteデータベースという選択	72
5.3	サーバー側：SQLiteデータベースへのアクセスを覚える	74
	5.3.1　コマンドラインからSQLiteデータベースを操作する	74
	5.3.2　Node.js上からSQLiteデータベースを操作する	76
5.4	簡単なユーザー登録と認証を作成して、SQLへのアクセスI/Fを組み上げる	81
5.5	Expressフレームワークで簡単に実装	84
5.6	Azure Web Appへ配置と設定の仕方	92
5.7	Vue.jsフレームワークでクライアント側のUIを作成	95
	5.7.1　Vue.jsフレームワークでの簡単なサンプル	97
	5.7.2　Vue.js + axiosでグリッドビュー表示とajaxを実装	98
5.8	クライアント側UIを含めてAzure上で動作確認をする	104

付録A　バッテリー残量記録の仕様 ……………………………………………………………… 106

A.1	API仕様	106
A.2	APIの動作概要	107

付録B　SQLiteデータベースをグラフィカルに参照する方法 …………………………… 108

付録C　Windows向けにElectronでネイティブアプリ化する …………………………… 110

著者紹介 …… 113

はじめに

この本の目的

　本書は、「JavaScript ならブラウザで少しだけ触れたことがあるよ。でも Node.js や SQL データベースは未経験」という読者が、「JavaScript で Web アプリケーションを作る！データはクラウドサーバー側の SQL データベースに保存して、どこからでもアクセスできるようにしよう！」という目標を立て、「お試し版として動く Web アプリをまずは作ってみて、公開する」ことを目的として解説した本です。

　本章のスタート地点は「開発環境の構築（Node.js、SQL データベース）」です。目指すゴールは「Microsoft Azure を利用して、ブラウザベースの Web アプリケーションを公開する」になります。これらすべてを無料プランの枠内でお試し版の作成と公開を行います[1]。また、Windows 環境での開発を前提とします。Node.js は「標準ライブラリが違う JavaScript 言語[2]。コマンドラインで動作するやつ」くらいに捉えておけば OK です。

　本書のゴールにたどり着くために、次の 3 つの Web アプリケーションの実装を行いながら、Azure での公開方法、SQL データベースの設置方法、Web アプリケーションの公開方法、を解説していきます。

1．Twitter 上で特定のキーワードが呟かれた日を、カレンダーにマッピングするアプリ[3]
　　・サーバー側にデータの保存は行いません。Azure での公開の第一歩
　　・Node.js 環境での JavaScript の動作をやってみる、ことが目的
2．パソコンのバッテリー残量を記録して、マルチデバイスで表示するアプリ
　　・サーバー側に SQL データベースを設置してデータを保存
　　・SQL データベースの扱いについて経験することが目的
3．ライフログ（起床と就寝時刻）を記録するアプリ
　　・サーバー側に異なるタイプの SQL データベース（SQLite）を設置
　　・Express フレームワーク、Vue.js フレームワーク、axios ライブラリなどを利用するのが目的[4]

　「動かすこと、公開すること」を第一の目的としており、Web アプリケーションの実装におけるソースコード（JavaScript + HTML）の仕組みでは無く「そのソースコードを動作させる環境をどう作るか、その Web アプリケーションをどうやって公開するか？」にフォーカスします。具体的には、3 つのサンプルを動かしながら「ローカルでの Node.js と SQL サーバーの動

1．「無料プラン」は時間当たりのアクセス数や Database のサイズなどが小さめですが、試用する範囲では十分です。また後から、「有料プラン」へ変更することで容易にスケールアップできます。もちろんスケールダウンも容易です。
2．JavaScript 言語に「標準ライブラリ」はありませんが、C 言語でのニュアンスで捉えてください。
3．学習コストを下げるため、Twitter の API（利用申請が必要）は利用せずにスクレイピング（Web ページから直接情報を抽出）を用いた例になります。
4．フレームワークは開発の枠組みを提供するのに対してライブラリは単一機能を提供する等の区分はあるのですが、本書の範囲で「規模の大小」の捉え方で構いません。

作環境を構築してサンプルコードを実際に動作させる、続いてAzure上に環境構築を行い公開する」ことを目指します。

その過程で「これを改良したら○○の動作になるかな。やってみよう」とか「Webアプリケーション開発で人気のフレームワークやライブラリを利用すると実装がこんな風に楽になるのか。これを使っていこう」というように、読者が自分で開発をどんどん広げていくため「次の一歩」も合わせて説明してきます。

なお本書を読み進めるには、 初歩のJavaScript言語の知識があることを前提としています。必要に応じて書籍やインターネットなどで事前学習をお願いします。また本書で用いるサンプルのソースコードは「JavaScript以外への背景知識を極力不要とすること、簡単であること」を優先しております。機能面での充実やセキュリティ保持、拡張性については関連書籍などを参照ください。

参考書

『RESTful Webサービス』株式会社クイープ／Leonard Richardson 著、Sam Ruby 監訳、山本陽平 訳、

『node.js超入門』秀和システム／掌田津耶乃 著

『わかばちゃんと学ぶGit使い方入門』シーアンドアール研究所／湊川あい 著

『JavaScript Promise の本』[5]　azu 著

免責事項

本書に記載された内容は、情報の提供のみを目的としています。したがって、本書を用いた開発、製作、運用は、必ずご自身の責任と判断によって行ってください。これらの情報による開発、製作、運用の結果について、著者はいかなる責任も負いません。

表記関係について

本書に記載されている会社名、製品名などは、一般に各社の登録商標または商標、商品名です。会社名、製品名については、本文中では©、®、™マークなどは表示していません。

底本について

本書籍は、技術系同人誌即売会「技術書典」で頒布されたものを底本としています。

---

5. 次のURLにて、Creative Commons Attribution-NonCommercial の ライセンス で公開されている書籍です。http://azu.github.io/promises-book/

開発ツールと公開までの全体像

必要な開発環境とアカウント、その入手先

　本書での開発環境のクライアント PC は Windows OS 環境とします[1]。またゴールにたどり着くには、下記の物が必要となります。

必要な道具

１．クレジットカード、Short Message Service（以降、SMS と略記）が利用可能な携帯電話
　・目的：
　　下記の Microsoft Azure（以降、Azure と略記）のアカウント作成時の個人認証に必要です。携帯電話は、SMS が利用可能であればフューチャーフォン（ガラケー）でもスマートフォンでもタブレットでも構いません。クレジットカードの登録を行いますが、料金は発生しないコースを選択するので、実際の支払いは発生しません。

インストール必須なアプリケーション

２．Node.js
　　https://nodejs.org/ja/
　・目的：
　　ローカル環境での、Node.js のソースコードの動作確認。
３．SQL Server 2017 Express エディション
　　https://www.microsoft.com/ja-jp/sql-server/sql-server-editions-express
　・目的：
　　ローカル環境での、SQL Server の動作確認。
４．SQL Server Management Studio 17.5
　　https://docs.microsoft.com/ja-jp/sql/ssms/download-sql-server-
　　management-studio-ssms
　・目的：
　　ローカル環境と Microsoft Azure 環境での、SQL Server への接続確認。
５．GitHub Desktop
　　https://desktop.github.com/
　・目的：
　　GitHub への容易なコミット操作。

---

1. 筆者は、Windows 7 と Windows 10 環境にてサンプルコードの動作確認を行いました。

作成が必要なアカウント

6．GitHub（無料枠）

https://github.com/

・目的：

作成したWebサービスのソースコードの管理とMicrosoft Azureへの紐づけ。

7．Microsoft Azure　（無料枠）

https://azure.microsoft.com/ja-jp/

・目的：

作成したWebサービスの公開用クラウドスペース。

クライアント開発で利用するアプリケーション

8．cURL (curl.exe)

https://curl.haxx.se/download.html

・目的：

コマンドラインからhttp通信（GET/POST/）を行うツール。コレが無くともブラウザで代替可能だが、あると便利。

あると便利なアプリケーション

9．Microsoft Visual Code

https://www.microsoft.com/ja-jp/dev/products/code-vs.aspx

・目的：

Node.jsのコーディング。コレが無くとも任意のエディタで可能だが、あると便利。

公開までの手順

本書で取り扱う3つのアプリケーションの実装例は、おおよそ次の手順を踏みます。1つのアプリケーションの実装と公開は、約1〜2日あればゼロから始めて最後まで辿り付ける内容となっています。

1．ローカル環境で、Node.js上で動作するJavaScriptソースコードの動作確認。
2．ローカル環境で、動作に必要な各種リソース（SQLデータベース）を作成。
3．ローカル環境で、動作に必要な環境変数を設定してアプリケーション全体の動作を確認。
4．リモート環境のAzureに、アプリケーションのリソース（Azure Web App）を作成。
5．リモート環境のAzureで、動作に必要な各種リソース（SQLデータベース）を作成。
6．リモート環境のAzureに、動作に必要な環境変数を設定してアプリケーションの提供を開始。

開発ツールと公開までの全体像　｜　7

アプリケーションの実装はJavaScript（Node.jsとブラウザ環境）にて行います。本書では、作成したアプリを「どうやってAzureに公開するか？」にフォーカスしますので、サンプルコードの詳しい説明には踏み込みません。アプリケーションの公開は、GUIが分かりやすいAzureを用いて行います。

開発言語としてJavaScriptを選択

　スマホアプリを、出来るだけ簡単に作成して公開する方法を考えます。本書で紹介するサンプルアプリケーションの設計のポイントは、「**端末側にデータを持つ必要が無く**、スマホ端末側には動作のトリガーとなるボタンと、データ表示の機能さえあれば良い」という点です。一般にスマートフォン向けのアプリケーションはJava言語を用いて開発されますが、本書のサンプルのような設計方針の場合には別の方法があります。それが「Webブラウザベースのアプリケーション」です。これは、Chromeブラウザをベースに、htmlとJavaScriptだけで実装が可能なアプリケーションです。本書では、この「Webブラウザベースのアプリケーション（以降、「Webアプリ」と略記）」を開発します。

　ブラウザベースなので、クライアント側のユーザーインターフェースは、htmlとJavaScriptだけで作ることができます。必要な知識は、htmlとJavaScriptで実装する範囲だけです。また、動作OSを選びません。作ったアプリを、Android上でも、Windows上でも、iOS上でも、Chrome系ブラウザさえあれば動作させることができます。

　クライアント側のブラウザで表示しているWebページから要求を受けて、データ保存や読み出しを行うサーバー側の実装方法を考えます。サーバー側の実装に使えるプログラミング言語は様々ありますが、今回は「クライアント側で利用するプログラミング言語と同じもの」というメリットから、Node.jsを用いたJavaScript言語での実装を選択します。

サンプルのソースコードについて

　本書でのサンプルの記載は、多くの場合はキーとなるコード部分の**抜粋**となります。サンプルコードの全体は次のサポートページ（GitHubのリポジトリです）で公開しています。実際に動作確認を行う際には、サポートページからソースコード一式をダウンロードして利用してください。なお、公開しているサンプルコードの利用するフレームワークやライブラリのバージョンは、本書に記載のバージョンとは異なる場合がありますが、Node.jsのnpm機能を用いて整合されますので動作上の問題はありません。

```
https://github.com/hoshimado/azurenodesql-book
```

第1章 スクレイピングアプリをローカルで作る

　本章ではTwitterのタイムラインを検索して、特定のキーワードが呟かれた日をカレンダーに表示するアプリケーションを作ります。

　特定のキーワードが呟かれた日を抽出する方法には、説明を簡略化するためTwitter APIではなく「スクレイピング」という方法を採用します。「スクレイピング」とは「WebサイトからWebページのHTMLデータを収集して、特定のデータを抽出、整形し直すこと」です。Webブラウザベースのアプリケーションとして作成し、複数のデバイスから「ブラウザさえあれば動作するアプリケーション」ことにします。

　本章でのサンプルは、自分個人もしくは少数の知人にのみ公開する、ものとして設計します（不特定多数への公開は、後の章のサンプルで取り扱います）。スクレイピングは、対象のWebサイトやサービスに過大な負荷をかけることがあり得るので、そのあたりの調整が避けるためです。不特定多数への公開を考える場合は、キーワード検索の部分をスクレイピングではなく、公式に提供されいているAPIを用いて実施するなどの方法で、適正なサービス利用を考慮する必要があります。

1.1　クライアントの表示UIとしてカレンダーを作成する

　カレンダーの表示は、jQueryベースの「FullCalendar - JavaScript Event Calendar」ライブラリを利用します。FullCalendarを利用すると、日付とイベント名称をセットにした配列を準備するだけで、簡単にカレンダーに対して日付を表示することができます。FullCallenderライブラリによるカレンダー表示は次のように行います。

1. FullCallenderの提供元サイト[1]から、一式をダウンロードします[2]。
2. FullCallenderの一括版[3]を展開して、リスト1.1のように配置します。
3. index.html ファイルをブラウザで開きます。

- ダウンロードしたモジュールの中にjQueryも含まれていますので、別途準備は不要です。
- index.html ファイルはリスト1.2のように作成します。
- カレンダーの表示に必要なコードは「`$('#calendar').fullCalendar();`」の1行だけです。これだけで図1.1のようなカレンダーを表示することができます。

1.https://fullcalendar.io/

2.CDN での利用も可能ですが、ライブラリ間の依存関係の解決が面倒なため、一括版をダウンロードして利用することをお勧めします。

3. 筆者は fullcalendar-3.8.2.zip を利用しました。

リスト 1.1: Full-Callender ライブラリと、intex.html の配置例

```
index.html
fullcalendar-3.8.2\fullcalendar.js
               ・・・
                  \lib\*
               ・・・
```

リスト 1.2: Full-Callender を表示する html ソースコード例

```html
<!DOCTYPE html>
<html>
  <head>
      <title>スクレイピングでカレンダーにマッピング</title>

      <meta charset="UTF-8" />
      <meta name="viewport" id="id_viewport"
          content="width=device-width" >
      <!-- CDN を使うと、バージョン不整合への対応が大変。
          なのでローカルに一式準備する。 -->
      <link href='./fullcalendar-3.8.2/fullcalendar.min.css'
          rel='stylesheet' />
      <link href='./fullcalendar-3.8.2/fullcalendar.print.min.css'
          rel='stylesheet' media='print' />
      <script src='./fullcalendar-3.8.2/lib/moment.min.js'></script>
      <script src='./fullcalendar-3.8.2/lib/jquery.min.js'></script>
      <script src='./fullcalendar-3.8.2/fullcalendar.min.js'></script>
      <script src='./fullcalendar-3.8.2/locale/ja.js'></script>
      <script>
          $(document).ready(function(){
              $('#calendar').fullCalendar();
        });
      </script>
      <style>
          .fc-sun, .fc-sat {
              color: #FF0000;
          }
      </style>
      <body>
          <div id='calendar'>
          </div>
      </body>
</html>
```

10　第 1 章　スクレイピングアプリをローカルで作る

図 1.1: FullCallender スクリーンショット

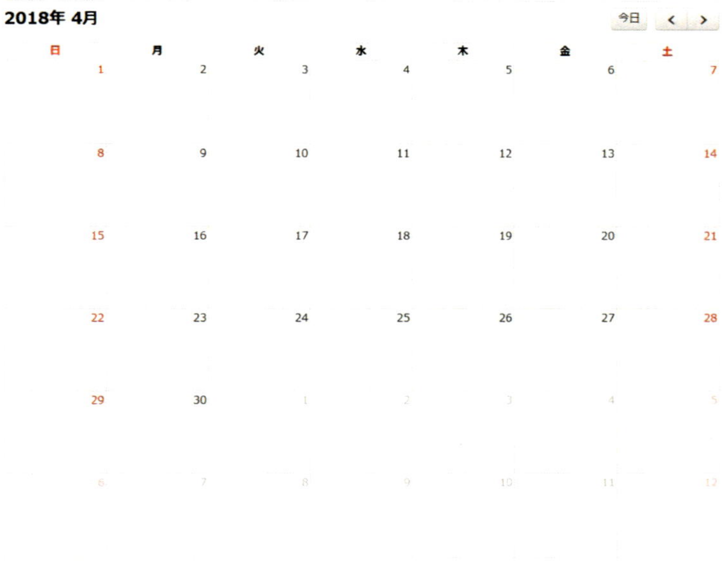

2018年 4月						今日 ‹ ›
日	月	火	水	木	金	土
1	2	3	4	5	6	7
8	9	10	11	12	13	14
15	16	17	18	19	20	21
22	23	24	25	26	27	28
29	30	1	2	3	4	5
6	7	8	9	10	11	12

1.2　カレンダーに、追加の情報を表示する

　カレンダーに、追加の情報「○○の日」を表示することを考えます。以降、この追加情報を「イベント」と呼びます。Full-Callender でイベントを追加するには、イベントの日付と名称（タイトル）を入れた配列を作成時に渡すだけで簡単にできます。4月末と5月末の国民の祝日を表示する例としては リスト 1.3 になります。"start" : "日付", "title" : "名称"をデータ構造とした要素の配列を渡すことで、イベントを表示します。これを表示すると図1.2のようになります。

リスト 1.3: Full-Callender にイベントを追加するソースコード例

```
$('#calendar').fullCalendar({
    "events": [
            {"start" : "2017-04-29", "title" : "昭和の日" },
            {"start" : "2017-05-03", "title" : "憲法記念日" },
            {"start" : "2017-05-04", "title" : "みどりの日" },
            {"start" : "2017-05-05", "title" : "こどもの日" },
    ]
});
```

第1章　スクレイピングアプリをローカルで作る　11

図 1.2: FullCallender に祝日を表示した例

　先の例 リスト 1.3 では、表示するイベントは静的に設定したものだけになっています。以降の節では、表示するイベントデータ（日付と名称）を動的に取得して、反映することを考えます。「Twitter から特定のキーワードが呟かれた日を取得してカレンダーに表示する」を目標として作成します。

1.3　ローカルで、動的な表示を行ってみる

　Http サーバー側に Twitter から動的にデータを取得するための機能を実装し、その応答を受けてクライアント側のブラウザ[4]に表示する方法を採用します。データ取得の機能は、クライアント側に実装しても構わないのですが、サーバー側で実装した方が利用できるライブラリが豊富にあるので楽です。ブラウザベースなので、ブラウザとサーバーとのデータの送受信には HTTP を利用するのが便利で容易です。本章は、最近よく使われている「RESTful API[5]」という形式を選択します。「RESTful API」は、HTTP での通信から、グラフィカルな部分を落として、データの送受信だけに特化したもの、くらいのイメージで OK です。本章のサンプルでは、次のような流れで動的にデータを取得してカレンダーに表示する設計とします。

1. ブラウザから、サーバー側に RESTful API を用いてデータを要求する
2. サーバー側で、要求に応じたデータを作成してブラウザへ返却する。
3. ブラウザで、受け取ったデータをカレンダーに表示する。

4.Chrome と FireFox、Egde であれば動作します。
5.RESTful Web サービス（API）とも呼ばれます。本書では以降、RESTful API の Web サービス、もしくは略して RESTful API と表記します。簡単にするため、RESTful API は「Web ブラウザで特定の URL にアクセスすると、json が返る（ブラウザに表示される）」動作のこと、と理解いただければ充分ですので難しく考える必要はありません。

これを実現するブラウザ側のコードは リスト1.4 のようになります[6]。リスト1.4 では、サーバーからの応答待ちを考慮して、「loading」表すアイコンを表示するようにしています。アイコンはFont Awesome[7]を利用します。

リスト1.4: Full-Callender にイベントを動的にソースコード例

```
$(document).ready(function(){
    // 後で、Queryを渡せるように仕掛けを入れてある。
    var queryRaw = window.location.search;
    var query = queryRaw ? queryRaw.slice(1) : null;

    promiseEventsArray(query).then(function(eventsArray) {
        $('#calendar').empty();
        $('#calendar').fullCalendar({
            "events": eventsArray
        });
    });
});
    (中略)
<body>
    <div id='calendar'>
            <i class="fa fa-spinner fa-spin fa-3x">
            </i>
            loading....
    </div>
</body>
```

関数promiseEventsArray(query)は、別途外部javascriptファイル「event.js」で定義してあり、リスト1.5 のような実装になります。RESTful APIでのデータ取得は基本的に「非同期」動作となりますので、Promiseオブジェクトを前提として作成しています。本実装例では、RESTful APIの実行するためのAjax通信機能に、jQuery ライブラリではなく axios ライブラリを用いています。これは、次の章以降ではjQueryを前提としないWebアプリ作成を進めるための準備となります。目に見える「動くもの、表示するもの」がある方が分かり易いので、「サーバー側をどう実装するか」は後回しにして、ブラウザ側を先行して作成して動作させてみます。

サンプルコード リスト1.5 は次のような流れの実装となります。ここで、events_apiを定義してその下に関数をぶら下げているのは、後々の自動テストへの布石です。今は「そういう実装もある」程度に捉えておいてください（あくまで一例です）。

---

6. こちらは抜粋コードです。コード全体はサポートサイト参照ください。

7. 汎用的なアイコンをCSSを用いて定義してあり、簡単に表示できるライブラリです。

第1章　スクレイピングアプリをローカルで作る　13

1. events_api._getScraping() を呼び出して、非同期にRESTful API経由でイベントデータを取得。
2. events_api._getNationalHolidaysArray() を呼び出して、国民の祝日、国民の休日のイベントデータを取得[8]。
3. 取得したイベントデータを1つの配列として連結して返却。

「とりあえず動くもの、表示するもの」とするため、_getScrapingEvent() には「引数queryが無効の場合は、静的に定義したダミーデータを返却す」仕掛けを入れてあります。サポートサイトから本節のサンプルコード全体をダウンロードし、任意のローカルフォルダに置いてください。そして、index.htmlをブラウザで開いてみてください。「queryが無効」の状態で_getScrapingEvent() が呼ばれるので、図1.3のようなカレンダーが表示されます（4月22日に、「#3good」の文字が表示されます）。以降の節では、「静的に定義したダミーデータ」を返却したところを、サーバー側にRESTful APIでアクセスして動的にデータを取得するように変更していきます。

図1.3: FullCallenderに静的なダミーデータを表示した例

リスト1.5: サーバー側から動的にイベントデータを取得する実装例

```
var promiseEventsArray = function (queryStr) {
    return new Promise(function(resolve) {
        setTimeout(function() {
            resolve();
        }, 1000); // ロードの都合で1秒待ち。
```

---

8. 国民の祝日・休日のデータは、内閣府のWebサイトで公開されているcsvファイルから静的に直打ちしています。動的にしても良いのですが、今回の主目的ではないので簡単のため直打ちとしています。

```javascript
    }).then(function(){
        var query = queryStr ? _parseQuery(queryStr) : null;
        return events_api._getScrapingEvents(query);
    }).then(function(result) {
        var array = [];
        if( result.status==200 ){
            array = array.concat( result.data );
        }
        array = array.concat(
            events_api._getNationalHolidaysArray()
        );
        return Promise.resolve( array );
    }).catch(function (err) {
        // エラーは読み捨て。日本の祝日だけを格納して返す。
        console.log(err);
        var array = events_api._getNationalHolidaysArray();
        return Promise.resolve( array );
    });
};
var _getScrapingEvents = function (query) {
    if(!query){
        // queryが無効の時はこちらが呼ばれる。
        return _stub_axios_get();
    }else{
        // queryが有効な時はこちらが呼ばれる。
        // サーバー側での実装が無いとエラーするので注意。
        return events_api.axios.get(
            "./api/v1/show/event",
            {
                "crossdomain" : true,
                "params" : {
                    "username" : query.username
                }
            }
        );
    }
}
events_api["_getScrapingEvents"] = _getScrapingEvents;
var _stub_axios_get = function () {
    return Promise.resolve({
        "status" : 200,
        "data" : [
```

```
                { "start" : "2018-04-22", "title" : "#3good" }
            ]
    });
}
var _getNationalHolidaysArray = function () {
    // http://www8.cao.go.jp/chosei/shukujitsu/gaiyou.html
    return [
        {"start" : "2017-01-01", "title" : "元日" },
            (中略)
        {"start" : "2019-11-23", "title" : "勤労感謝の日" }
    ];
};
events_api["_getNationalHolidaysArray"] = _getNationalHolidaysArray;
```

1.4　ローカルでのNode.js のインストールとサンプルコードの動作確認

サーバー側の機能実装には、Node.jsを用います。本節では次の作業を行います。

1. Node.jsのローカル動作環境をインストールする。
2. JavaScriptのソースファイル（サンプルコード）をダウンロードして配置する。
3. 利用するモジュールをインストールする。
4. サンプルコードを実行する。

はじめに、Node.js の Windows 向けインストーラーをダウンロードし[9]、ローカルの Windows 環境にインストールします。気をつけるべき設定値など特にありません。インストールを終えると、任意のフォルダのコマンドラン上から、Node.jsの実行が可能となります。

続いて、次のようなサンプル ソースコード一式リスト1.6をダウンロードし任意のフォルダに保存します。testフォルダは本節では使いません（このサンプルコードは次節以降でも引き続き利用します）。中核となるhttpサーバーを実装しているファイルはリスト1.7です。Node.jsでは、これだけでhttpサーバー機能兼RESTful API Webサーバー機能を実装できます。

リスト1.6: Node.js で簡単な http サーバーを実装するファイルリスト

```
data/*
html_contents/events.js
            /fullcalendar-3.8.2/*
            /index.html
package.json
```

9.https://nodejs.org/ja/

16　｜　第1章　スクレイピングアプリをローカルで作る

```
server.js
src/api.js
    /authentication.js
    /router_static.js
    /scraping.js
test/authentication_test.js
    /scraping_test.js
    /stub_cache.html
```

リスト 1.7: http サーバーの実装例

```
/**
 * [server.js]
 * encoding=utf-8
 */


var http = require("http");


var router = require("./src/router_static.js");
var api = require("./src/api.js")


var port = process.env.PORT || 8037;


http.createServer(function (request, response) {
    var promise = router.isStaticHtmlFound(  request, response  );

    promise.catch(function(){
        // 静的htmlファイル呼び出しでは【なかった】場合に、
        // RESTful API呼び出しとして扱う。
        return api.responseApi( request, response );
    });
}).listen( port );
console.log("Server has started. - http://127.0.0.1:" + port +"/");
```

　最後に、本サンプルコード内のpackage.jsonで定義してある「動作に必要なモジュール」を取得します。これは、次のコマンドラインを実行するだけで、取得が完了します。

リスト 1.8: スクレイピングサンプル用のモジュールをインストール

```
npm install
```

　node_modulesフォルダが作成されて、その配下に格納されます。

第1章　スクレイピングアプリをローカルで作る　　17

npmとは？

　Npm とは「Node Package Manager」の略で、Node で作られたパッケージモジュールを管理するためのツールです。これを用いると、モジュールの管理やテスト、サーバーへの配置などが容易になります。npm が参照する設定ファイルが「package.json」です。package.json ファイルには、動作に必要なモジュールやテストの実行方法を記載します。npm の詳細は phiary さんの「npm ってなに？」[10]が分かりやすいです。

---

package.jsonをゼロから作るには？

　既存のpackage.jsonに従ったnpm installを実行せず、package.json ファイルも含めてゼロから作ることも可能です。コマンドライン上で先のソースを格納したリポジトリに移動し、次のコマンドを実行して作成します。

npm init

　様々な設定を対話形式で入力しますが、基本的にはデフォルトのままEnter キーを押して構いません。description（作ろうとしているソースファイル群の説明）やauthor（作者名）は任意です。test は「mocha」と打っておいてください。

```
T:\>npm init
This utility will walk you through creating a package.json file.
It only covers the most common items, and tries to guess sensible
defaults.

See 'npm help json' for definitive documentation on these fields
and exactly what they do.

Use 'npm install <pkg> --save' afterwards to install a package and
save it as a dependency in the package.json file.

Press ^C at any time to quit.
name: hoshimado
version: (1.0.0)
description: sample code.
entry point: (index.js) server.js
test command: mocha
git repository:
```

10.http://phiary.me/node-js-package-manager-npm-usage/#post-h2-id-0

```
keywords:
author: hoshimado
license: (ISC) MIT
About to write to T:\package.json:

{
"name": "hoshimado",
"version": "1.0.0",
"description": "sample code.",
"main": "server.js",
"scripts": {
"test": "mocha"
},
"author": "hoshimado",
"license": "MIT"
}


Is this ok? (yes)
```

　続いて、「package.jsonに、インストールするモジュールを設定するには？」に従って、残りの設定を行います。

package.jsonに、インストールするモジュールを設定するには？

　次のようにして必要なNode.jsのモジュールのインストール（取得）を行います。

```
npm install mocha chai sinon promise-test-helper --save-dev
npm install cheerio cheerio-httpcli data-utils --save
```

　1行目では、テストフレームワークを「開発時のみ利用するモジュール」としてインストールするとともに、package.jsonへ記録しています。2行目では、スクレイピング用のライブラリなどをインストールするとともに、package.jsonへ記録しています。このように「-save-dev」「--save」オプションをつけて初回のインストールを行うことで、package.json に記録できます。こうしておくと、「ソースファイル＋pakage.json」のみを新しい環境へ持って行き「npm install」コマンドと打つだけで、全く同じNode.jsモジュールを再配置（ダウンロード）することができるようになります。Azureへアップロードするのも、ソースファイル＋package.jsonのみとなります。Azure側で、package.json に基づいて必要モジュールを取得してインストールしてくれます。

　npmコマンドで利用するテストフレームワークの設定を修正します。具体的には、package.json を任意のエディタ（Visual Studio Codeがお勧め）で開き、リスト1.9ように修正しま

す（「\」は円マーク。以降も同様）。これで「npm test」コマンドで、テストフレームワークの
mochaを呼び出せるようになります。

リスト1.9: npmコマンドにテストフレームワークを設定する
▼修正前
```
"scripts": {
"test": "mocha",
"start": "node server.js"
},
```

▼修正後
```
"scripts": {
"test": "node_modules\\.bin\\mocha --recursive",
"start": "node server.js"
},
```
||||||||||||||||||||||||||||||||||||||||||||||||||||||||||||||||||||||||||||||||||||||||||||||||||||||||

　本節のサンプルコードは、テストコードも作成済みですので、テストフレームワークを用いて、
期待した環境構築ができたかを確認します。次のようにして自動テストを実行してください。

リスト1.10: npmコマンドからテストフレームワークを実行確認する
```
npm test
```

　実行結果に「failing」も「ERR!」も表示されなければ、環境構築は正しくできています。い
ずれかの表示があった場合は、ファイルの不足かモジュールの不足があり得ますので、本節の
操作を最初から確認してください。
　以上で環境構築とサンプルコードの配置を終えたので、server.jsのHTTPサーバー兼RESTful
API Webサーバーとして動作確認をします。本サンプルコードは、ブラウザで表示するhtml
ファイルも、同じサーバーつまりAzure内で公開できるように（別途、公開スペースを準備する
必要が無い）、簡素なHTTPサーバーとしての機能も実装してあります。保存したフォルダ上で
`node server.js`コマンド[11]を実行します[12]。ローカルWebサーバーが起動し、Webアクセス
の受付待機状態になります[13]。Webブラウザから「`http://localhost:8037/index.html`」

---

11. なお、次以降からは「npm start」で実施します。package.json の「start」オプションに「node server.js」を指定してあります。「test」オプションと合わせて npm コマンドで実行とテストを容易に管理できます。この実行方法が最近は人気のようです。
12. 「server.js」が実行するアプリ本体のファイル名です。この名称にしておくと、Azure 上での公開が容易となります。
13. ローカル Web サーバーを停止するときは、ctrl ＋ C を押してください。

20　　第1章　スクレイピングアプリをローカルで作る

にアクセスして先ほどのWebページ（図1.2）と同じものが表示されることを確認します。

続いて、同じくWebブラウザから「http://localhost:8037/api/v1/show/version」に
アクセスして次のように表示されることを確認します。

リスト1.11: RESTful APIの動作確認

```
{ "version" : "1.00" }
```

上記の操作は、Httpを用いてRESTful APIでWebサービスの提供サーバー（server.js）にア
クセスして、サーバーからバージョン情報を取得する、という動作になります。ここでは先ず、
Webブラウザからアクセスしてjsonで情報を取得する、RESTful Webサービスの様子を掴ん
でください。

次の節から、Server側での動的な応答、RESTful APIの応答の実装を行います。

1.5　Twitterから特定のキーワードをスクレイピングする

Webページから特定の情報を「抽出」することを「スクレイピング」と呼びますが、スク
レイピングを行うにはCheerio[14]、 cheerio-httpcli[15]ライブラリが便利なので、これを利用しま
す。このライブラリを用いると、JQueryでのHTMLノード指定と同じ仕様で取得したHTML
のデータを解析できるので、便利です。検索キーワードを含めたURLを用いてWebページを
読み込んで、キーワード検索結果のWebページのソースコードを取得します。たとえば、次
のようなhtmlのソースコード（リスト1.12）を取得したと仮定します。このソースコードに対
してancherタグのdata-tiem-ms属性値を取得することで、リスト1.13のように、必要な個所だ
けを抜き出した上で任意の値変換を行ったデータ形式で取得できます。ここで「抽出」操作は
cheerioライブラリが提供してくれる「jQueryベースのSelectorでの値取得」機能を利用して
「$(span[data-time-ms]).eq(0).attr("data-time-ms")」のように表現できるので、容易
に実装することができます（実際はもう少しフィルターを設定して絞り込みます）。data-time-ms
属性値の値はいわゆる「1970年1月1日(UTC)から始まるミリ秒単位の時刻値」です。ここで取
り出したミリ秒単位の時刻値をmsとすると「var dt= new Data (ms);」のようにJavaScript
のDateオブジェクト[16]に指定して渡すだけで日付への換算が出来ます。FullCalendarで取り扱
う表記は「YYYY-MM-DD」（ISO 8601）です。この表記への変換はdate-utilsモジュール[17]の
変換機能を用いて「dt = new Data(ms); dt.toFormat("YYYY-MM-DD")」とすることで行
います（ローカル環境がJSTなので、JSTに換算した後の日付になります）。

---

14. 次のURLで公開されています。本サンプルソースではpackage.json内で取得モジュールとして定義済みです。https://github.com/cheeriojs/cheerio

15. cherrioモジュールをベースに、Webページの取得などをより容易にできるように機能追加された派生ライブラリです。次のURLで公開されています。https://github.com/ktty1220/cheerio-httpcli

16. https://developer.mozilla.org/ja/docs/Web/JavaScript/Reference/Global_Objects/Date

17. https://www.npmjs.com/package/date-utils

リスト1.12: スクレイピングするWebページの例

```html
<!DOCTYPE html>
<html lang="ja">
  <body>
  <a href="/hogehoge" title="3:16 - 2018年2月8日">
   <span data-time="1518088583"
         data-time-ms="1518088583000"
         data-long-form="true">2月8日</span>
  </a>
  <div class="js-tweet-text-container">
  <p class="TweetTextSize  js-tweet-text tweet-text">2018/02/08 の
3good
     ・手続きした。
     ・買い物した。
     ・帰り道、車で帰れた
  </p>
  <a href="/hogehoge" title="6:05 - 2018年2月21日">
   <span data-time="1519221938"
         data-time-ms="1519221938000"
         data-long-form="true">2月21日</span>
  </a>
  <div class="js-tweet-text-container">
  <p class="TweetTextSize  js-tweet-text tweet-text">2/21 の 3good
     ・餃子が美味しかった。
     ・シュークリームが美味しかった。
     ・定期券更新できた。
  </p>
  </div>
 </body>
</html>
```

リスト1.13: スクレイピングして取得した日付の例

```
[
    { "start" : "2018-02-08" },
    { "start" : "2018-02-21" }
];
```

　なお、スクレイピングでの「Webページの読み込み」操作はブラウザでの「Webページの法事・更新」操作と全く同じ応答処理がデータ提供元のサーバー側に発生します。そのため、頻繁にスクレイピングするのは避けるようにするのが良いです（相手のサーバーに負荷をかけ過ぎると、アクセスを拒否される場合もあるでしょう）。本サンプルでは、対象のWebサイトの

ページを実際に取得してスクレイピングする操作が1日1回のみになるようにしています。具体的には、対象のWebサイトのページを読み込んだら、そのhtmlソースをキャッシュファイルとして一度保存します。続いて、その保存したキャッシュファイルから読み込んだhtmlソースコードに対して目的の情報の抽出を行います。2回目以降、キャッシュファイルとしてのhtmlファイルが存在しており、且つその更新日時が24時間以内の場合は、対象のWebサイトからの再読み込みをスキップする仕様としています[18]。

1.6 スクレイピングしたデータをカレンダーに表示する

前節で取得したデータを、日付に応じて「1.3 ローカルで、動的な表示を行ってみる」で作成したカレンダーに表示できるように、サーバー側のRESTful APIの応答側を実装します。サンプルコードのhttpサーバーの次のような実装をしてあります（これは、本サンプルでの機能を実現するための最小限の実装です）。

・html_contents フォルダ配下のファイル名と一致した場合は、静的なhtmlファイルの呼び出しとして扱う。
・上記以外は、RESTful APIの呼び出しとして扱う。

具体的には、リスト1.14のような実装を server.js 内で行っております。RESTful APIの応答は、「responseApi()」に対して行います。

リスト1.14: 必要最低限の静的HTMLファイル表示とRESTful API応答サーバーの実装例

```
http.createServer(function (request, response) {
    var promise = router.isStaticHtmlFound( request, response );

    promise.catch(function(){
        // 静的htmlファイル呼び出しでは【なかった】場合に、
        // RESTful API呼び出しとして扱う。
        return api.responseApi( request, response );
    });
}).listen( port );
```

この、responseApi()において、「1.5 Twitterから特定のキーワードをスクレイピングする」で述べた「日付の抽出」をリスト1.15のように実装します。本節では、呼び出すRESTful API

---

18. もちろん、スクレイピングして目的のデータを抽出した後に、そのデータをJSON形式でキャッシュファイルとして保存したほうが良いです（毎回「抽出」の操作を行うのは、公開サーバー側の負荷の面からよくありません）。しかし本書では「HTMLソースコードを取得する。目的の情報を抽出する」という流れの分かり易さを優先するため、この形式としています。なお、Webページをhtmlソースコードとして取得してスクレイピングするよりも、対象のWebサイト／サービス側で提供しているRESTful APIを直に呼び出した（Twitterであれば「検索API」を利用する）方が好ましいのは言うまでもありません。本書では、「簡単に作る」を優先するため、API呼び出しの学習コストを避け、スクレイピングを採用しています。

第1章 スクレイピングアプリをローカルで作る | 23

に簡易的な認証機能も追加します。RESTful APIの呼び出し時はサーバー側に「処理」が走るので、呼び出しに制限を掛けておかないと過負荷になってしまいます。それを避けるための認証機能です（サンプルですので、本当に簡易なものに留めます）。具体的には、「呼び出し時に、queryに期待するパスワードが含まれているか？」という認証を行います。パスワード自体はサーバー内の環境変数に設定しておき、ソースコード内には記載しないようにします。リスト1.16のような実装を行います。

リスト1.15:

```javascript
var parseTweetFromCheerio = function ($) {
    var itemHeaders = $("div[class=stream-item-header]");

    var n = itemHeaders.length;
    var headerSpan;
    var resultArray = [];
    while (0<n--) {
        headerSpan  = itemHeaders.eq(n)
                      .find("span[data-time-ms]").eq(0);
        resultArray.push(
            new Date(parseInt(headerSpan.attr("data-time-ms"),10))
        );
    }
    return resultArray;
};
api_impl.parseTweetFromCheerio = parseTweetFromCheerio;


var fetchAndWriteCacheOnCherrioHttpCli = function () {
    var promiseCheerio = api_impl.cheerioHttp.fetch(
        "https://twitter.com/search",
        {
            "q" : SEARCH_KEYWORD
        }
    );

    return new Promise(function (resolve, reject) {
        promiseCheerio.then( function( cheerioResult ){
            if( cheerioResult.error ){
                // エラー処理：省略
                reject( cheerioResult.error );
            }else{
                // HTMLとして、cheerio互換のノードを
```

24 | 第1章 スクレイピングアプリをローカルで作る

```
                // キャッシュファイルに保存する。
                var $ = cheerioResult.$;
                api_impl.fs.writeFile(
                    CACHE_PATH, $.html(),
                    "utf-8",
                    function(err){
                        if(err){
                            reject(err);
                        }else{
                            resolve();
                        }
                    });
            }
        }).catch( function( err ){
            // エラー処理：省略
            reject({
                "error" : err
            });
        });
    });
};
api_impl.fetchAndWriteCacheOnCherrioHttpCli =
fetchAndWriteCacheOnCherrioHttpCli;


var readCacheHtmlAndParseToEventArray = function () {
    var promise = new Promise((resolve,reject)=>{
        api_impl.fs.readFile(
            CACHE_PATH,
            "utf-8",
            function (err, data) {
                if(err){
                    reject(err);
                }else{
                    resolve(data)
                }
            }
        );
    })
    return promise.then((data)=>{
        var $ = api_impl.cheerio.load(
            data,
```

```
                {"decodeEntities" : false}
        );
        var array = api_impl.parseTweetFromCheerio( $ );
        var result = {
            "httpStatus" : 200,
            "data" : []
        };
        var i, n = array.length - 1, dt;
        for(i=0;i<n;i++){
            dt = array[i];
            result.data.push({
                "start" : dt.toFormat("YYYY-MM-DD"),
                "title" : EVENTE_TITLE
            });
        }
        return Promise.resolve( result );
    }).catch((err)=>{
        console.log(err);
        return Promise.resolve({
            "httpStatus" : 200,
            "data" : []
        });
    });
};
api_impl.readCacheHtmlAndParseToEventArray =
readCacheHtmlAndParseToEventArray;

exports.getEventFromTwitter = function () {
    var promise = api_impl.isCacheUse();
    return promise.catch(function(){
        return api_impl.fetchAndWriteCacheOnCherrioHttpCli();
    }).then(function () {
        return api_impl.readCacheHtmlAndParseToEventArray();
    });
};
```

リスト1.16: スクレイピング結果を返すRESTful APIの実装例

```
exports.responseApi = function( request, response ) {
    var promiseGetQuery = getGetQuery( request );

    return Promise.all(
        [promiseGetQuery]
```

```javascript
        /* postDataのパースは非同期なので、
           追加できるように非同期にしておく */
    ).then( function( parseResult ){
        var queryGetMethod = parseResult[0];
        var pathname = url.parse( request.url ).pathname;
        var result = {
            httpStatus : 500,
            data : {}
        };

        // 本サンプルコードでは、簡単に実装するためif文で分岐させている。
        // 本来は、ルーター機能を別途作成して行うのが良い。
        if( pathname == "/api/v1/show/version" ){
            // バージョン表示API
            return Promise.resolve({
                "httpStatus" : 200,
                "data" : {
                    "version" : "1.00"
                }
            });
        }else if( !authentication.isOwnerValid( queryGetMethod ) ){
            // 上記以外は認証を経る事。
            result.httpStatus = 401;
            return Promise.resolve( result );
        }else if( pathname == "/api/v1/show/event" ){
            // スクレイピングAPI
            return scraping.getEventFromTwitter();
        }else{
            // サポート外のAPI
            result.httpStatus = 404;
            return Promise.resolve( result );
        }
    });
    // 以下略。
};
```

　クライアント側のカレンダー表示用のhtmlページを「1.3 ローカルで、動的な表示を行ってみる」で表示した際には、スタブ的に静的な配列を取得して表示しておりました。この際に用いたサンプルコードリスト1.5は、queryに値が渡された場合には、同一ドメインの「/api/v1/show/event」APIを呼び出して、その結果を返却するように分岐が入っています。本節では、先ほどの「1.3 ローカルで、動的な表示を行ってみる」での呼び出し「http://localhost:8037/index.html」

とは異なり、「http://localhost:8037/index.html?username=任意のユーザー名」のように、ユーザー名を渡して呼び出します。ここで、「任意のユーザー名」は環境変数を通じて設定します。また、「検索キーワード」も環境変数で設定します（サンプルですので、固定値としています）。ここでは「#3good」を検索キーワードとして設定してみましょう。具体的にはリスト1.17のように「1.環境変数の設定、2.ローカルサーバーの起動」の順で行います。本節では、「1.4 ローカルでのNode.js のインストールとサンプルコードの動作確認」での起動コマンド「node　server.js」ではなく、「npm　start」を用います（※npmでのstartオプションの動作を、package.jsonで指定してあります）。

リスト1.17: 環境変数を設定してのサーバー起動例

```
set USER_NAME=任意のユーザー名
set SEARCH_KEYWORD=#3good
npm  start
```

サンプルコードリスト1.16では、「任意のユーザー名」として指定された値を、queryに渡してhtmlファイルを呼び出した時にそのqueryを伴って「/api/v1/show/event」APIを呼び出すように分岐するようにしてあります。

ローカルhttpサーバーを起動したら、次のURL（先ほどの、「任意のユーザー名」を含んだ形式です）をブラウザで表示してみてください。

```
http://localhost:8037/index.html?username=任意のユーザー名
```

「1.4 ローカルでのNode.js のインストールとサンプルコードの動作確認」とは異なる表示になることを確認してください。これは、『今その瞬間のTwitterのTLからの検索結果』に応じた表示となっています。たとえば、筆者の環境では図1.4のように表示されました。みなさんの環境では実行する日時が異なりますので、また異なる表示になるはずです。

なお、スクレイピングの途中で生成されたキャッシュファイルが data フォルダ配下に生成されていますので、「どんなWebページから日付データを抽出したのか」も参考までに見てみてください。（ローカルhttpサーバーを停止するには、「Ctrl+C」を押してください）

次の章では、本機能をローカルからAzure上へ移動して動作させていきます。

28　第1章　スクレイピングアプリをローカルで作る

図 1.4: 動的に、Twitter から「#3good」キーワードを検索して日付にマッピングした実行例

パスワードや識別用ユーザー名などをGitHubに公開しないように注意する

　アクセス管理やユーザー識別用の値を、ソースコード上に直接書かないように注意してください。Githubにコミットしてしまうと、Web上から誰でもそのまま参照できてしまします。これを避けるために、それらの値は環境変数を介して設定するようにします。Node.js環境では「`process.env.環境変数名`」を介して、参照することができます。

第2章　Azureの環境を準備して、スクレイピングアプリを公開する

　本章では、RESTful APIのWebサービス公開場所として使うためのAzureのアカウント作成と公開設定を行います。その際にソースファイルのデプロイ元としてGitHubサービスのアカウントを紐付けます。

　次の流れでアカウントの作成と設定を行います。

　1．GitHubアカウントの作成
　2．GitHubにリモートリポジトリを作成
　3．GitHubのローカルリポジトリを作成してファイルを格納
　4．Azureアカウントの作成
　5．Azure Web APPのインスタンス作成
　6．Azure Web APPにGitHubリポジトリを紐付け
　7．Azure Web APPの環境変数などを設定して動作確認

2.1　GitHub アカウントとリポジトリの作成

　GitHubアカウントを作成します。GitHubのトップページ[1]にアクセスして、メールアドレスとパスワードを設定するだけで作成することができます。有料プランと無料プランがありますが、本書の内容を試す範囲では無料プランを選択して問題ありません。

||||||||||||||||||||||||||||||||||||||||||||||||||||||||||||||||||||||||||||||||||||||
GitHub とは

次のサイト様の解説が分りやすいので参照ください。
・今さら聞けない！GitHub の使い方【超初心者向け】
　　https://techacademy.jp/magazine/6235
・Pro Git 日本語版電子書籍公開サイト
　　https://progit-ja.github.io/

||||||||||||||||||||||||||||||||||||||||||||||||||||||||||||||||||||||||||||||||||||||

　GitHubで使われる用語については、簡単には次のように捉えてください。
・リポジトリ
　　ファイルやディレクトリの状態を保存する場所（本書では「Azureへのソースファイル

1.https://github.com/

中継場所」としてのみ利用します)。

・リモートリポジトリ

GitHubサービスの中核。ファイルと変更履歴の保管場所。

・ローカルリポジトリ

リモートリポジトリから、クローンされたローカルのリポジトリ。作業場所。

・クローン（Clone）

リモートリポジトリの状態をそのままそっくりローカルに再現する操作。

・コミット（Commit）

ローカルリポジトリに対して変更を記録する操作。

・プッシュ（Push）

ローカルリポジトリの変更結果を全てリモートリポジトリに反映する操作。

・プル（Pull）

リモートリポジトリの更新内容を、ローカルリポジトリに反映する操作。

・Sync

GitHub Desktop（GitHubサービスの公式クライアントアプリ）上でのPush and Pull操作の事。

GitHubのより詳細な使い方については、書籍「わかばちゃんと学ぶ Git使い方入門」が分り易いのでお勧めいたします。

GitHubアカウントを作成したら、リポジトリを作成します。GitHubのトップページにアクセスしてログインします。「Your repositories」のカラムにある「New repository」のボタンを押します。新規リポジトリの作成画面図2.1が出るので、任意のリポジトリ名称を入れます。「Initialize this repository with a README 」にチェックを付けます。「Add .gitignore: Node」を選択します。これにより、「node_modules」等の「Git リポジトリに反映する必要が無いファイル群」を管理対象外にする設定を自動生成することができるので楽です。「Add license」の欄は任意に選んでください（筆者はMIT licenseにすることが多いです）。

第2章　Azureの環境を準備して、スクレイピングアプリを公開する　31

図2.1: 新規リポジトリの作成

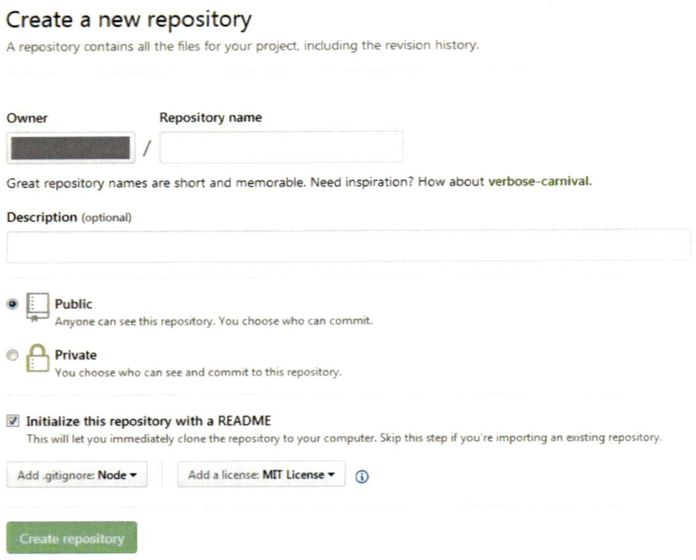

Create a new repository

A repository contains all the files for your project, including the revision history.

Owner　　　　　Repository name

Great repository names are short and memorable. Need inspiration? How about **verbose-carnival**.

Description (optional)

○ Public
Anyone can see this repository. You choose who can commit.

○ Private
You choose who can see and commit to this repository.

☑ Initialize this repository with a README
This will let you immediately clone the repository to your computer. Skip this step if you're importing an existing repository.

Add .gitignore: **Node** ▾　　Add a license: **MIT License** ▾　ⓘ

Create repository

続いて、GitHub 公式のクライアント App である GitHub Desktop for Windows をインストールします。

GitHub Desktop for Windows のインストール方法

次のサイト様の解説が分りやすいので参照ください。

・GitHub Desktop の使い方

　　http://qiita.com/yukiyan/items/2ea3dc5813fdba5d9cd2

作成したGitHubのリポジトリのローカルにクローン[2]します。具体的には、次の操作をします。

1. Webブラウザー上で作成したリポジトリに移動。「Clone」ボタンを押して、Clone用の URIをコピーする。

2. ローカルでGitHubクライアント立ち上げて、リモートリポジトリからCloneを選択する。

3. 先ほどのURI貼り付けて、Cloneを実行する（作成先のフォルダを聞かれるので、任意に選ぶ）。

ローカルへのCloneが終わった直後に、Clone操作で作成したローカルのフォルダを開くと、まだ何も入っていない状態です。無視するファイルの設定である「.gitignore」ファイルを任意のエディタで開いて（Visual Studio Codeをお勧めします）開いて、次の設定（リスト2.1）を一

---

2. 「リモート側と任意のタイミングで同期可能なローカル作業場を作った」くらいに捉えてください。

32 ｜ 第2章　Azureの環境を準備して、スクレイピングアプリを公開する

番下に追加します（もしくは、この後で格納するサンプルソースコードに含まれる「.gitignore」
ファイルで上書きしてください）。

リスト2.1: 無視するファイルと拡張子の追加

```
# ==========================
# Operating System Files
# ==========================


# Windows
# ==========================


# Windows image file caches
Thumbs.db
ehthumbs.db

# Folder config file
Desktop.ini

# Recycle Bin used on file shares
$RECYCLE.BIN/

# Windows Installer files
*.cab
*.msi
*.msm
*.msp

# Windows shortcuts
*.lnk

# Local bat file
*.bat

# Local Windows Executable file
*.exe


# ==========================
# Others
# ==========================


# Working folder and file
data/*.html
```

第2章　Azureの環境を準備して、スクレイピングアプリを公開する　33

第1章「スクレイピングアプリをローカルで作る」にて、ローカルでの動作確認を行った
Node.js のサンプルソースコード一式を格納します。先の章と同様にリスト2.2のファイルと
フォルダ構成になります。

リスト 2.2: Node.js で簡単な http サーバーを実装するファイルリスト

```
data/*
html_contents/events.js
             /fullcalendar-3.8.2/*
             /index.html
package.json
server.js
src/api.js
   /authentication.js
   /router_static.js
   /scraping.js
test/authentication_test.js
    /scraping_test.js
    /stub_cache.html
```

配置したら、GitHub のリモートリポジトリへ Push します[3]。node_modules フォルダも含め
て格納してかまいません。node_modules フォルダは、先ほど設定した「無視するファイルと
フォルダ」の規則に従って、GitHub のリポジトリ管理の対象外になるので、影響はありません。

|||||||||||||||||||||||||||||||||||||||||||||||||||||||||||||||||||||||||||||||||||||||||||||||||||||||||||||||||
GitHubのローカルリポジトリの作成場所について

GitHubのローカルリポジトリの作成場所は、基本的には任意で構いません。ただし、Windows
のジャンクション機能「mklink /J」との組み合わせは避けるほうが無難です。Node.jsの相対
パスでのファイル参照（require等含む）時に不整合を起こすためです。

|||||||||||||||||||||||||||||||||||||||||||||||||||||||||||||||||||||||||||||||||||||||||||||||||||||||||||||||||

2.2　Microsoft Azure アカウントの作成

本章のRESTful Webサービスを含めたサンプルコード一式をWeb上で公開する場所を作成
します。公開場所は、Node.js の動作環境を提供してくれる Azure を利用します。

---

3. リモートへ同期を掛けた、と捉えてください。

‖‖‖
初回の1か月有効のクーポンと、2か月目以降について

　はじめてMicrosoft Azureアカウント（以降、Azureアカウントと略記）を作成する方は、最初の1ヶ月間のみ有効なクーポン20,500円が付与されます。はじめて作成する方は、このクーポンを使うことでAzureのサービスの有料プランのほとんどを、最初の1ヶ月は無料で利用することが出来ます。

　既に1カ月以上前からAzureアカウントを持っており、初回1ヶ月のクーポンが切れている方も、今回利用するAzureのサービスは無料プラン[4]があるので、大丈夫です。本節を飛ばして、「2.3 Webサービスのリソース作成とGitHubリポジトリの紐付け」へ進んでください。

‖‖‖

　Azureアカウントの作成には、個人確認のためにクレジットカードとSMSを受け取ることができる携帯電話[5]を準備してください。

　次のURLから「無料で始める」でアカウント作成します。Microsoftアカウントを持っていなければ、合わせて作成します。

　　　　https://azure.microsoft.com/ja-jp/

　入力の途中で、図2.2のように「勤務先の電話番号」の入力が求められますが、これは、個人所有の電話番号で問題ありません（電話確認が来たりはしません）。次のページで要求される「SMSを受取れる電話番号」と同じ携帯電話の番号で問題なく次へ進めます。入力後に送付されてくるSMSを携帯電話で受け取り、そのSMSに記載されている認証番号を入れると、個人確認が完了します。

図2.2: Azureアカウント作成の入力事項

---

4. 無料プランは、有料プランと比較して利用可能なデータサイズなどが小さくなりますが、試用の範囲であれば問題となりません。
5. SMSを受け取ることができる端末であれば、フューチャーフォン or スマートフォン、その他いずれでもOKです。

第2章　Azureの環境を準備して、スクレイピングアプリを公開する　　35

2.3 Webサービスのリソース作成とGitHubリポジトリの紐付け

　Azureにログインします[6]。Azureのポータル画面の左ペインから「＋新規」をクリックし「Web＋モバイル＞Web App」の順に選びます（図2.3）。Web Appの入力事項「アプリ名」、「リソースグループ」を入れます（図2.4）。「リソースグループ」は複数のリソースをまとめて管理するためのグループ識別子です。任意の名称でかまいません。「サーバー名」は、Web Appを公開するサーバーの識別子です。URLの一部に使われます。「場所」は好きな場所でかまいません（東日本か西日本をお勧めします）。

図2.3: Web App を選択

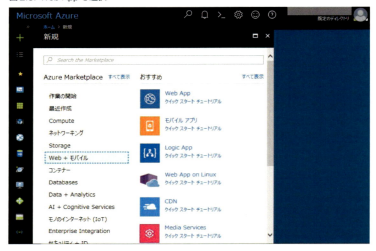

図2.4: アプリ名称とリソースグループの設定

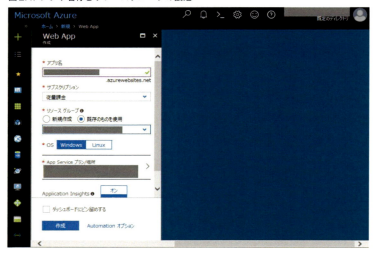

---

[6] URL が不明の場合は、こちらからアクセスしてください。https://portal.azure.com/

|||||||||||||||||||||||||||||||||||||||||||||||||||||||||||||||||||||||||||||||||||||||||||||||||||||||||
最初１か月のクーポン利用時のリソースグループについて

　最初１ヶ月のクーポンを利用する際には、「１ヶ月クーポンの期限が切れたら削除するグループ」と位置づけてリソースグループを作成しておくと、１ヶ月経過後に無料プランへの移行が楽だと思います。「有料プラン＋クーポン」で作成したリソースはバッサリ削除し、あらためて「無料プラン」でリソースを作成することで「有料プランの削除漏れは無いか？」の不安から開放されます。

無料試用版 サブスクリプションから従量課金 サブスクリプションへの移行について

　最初の１ヶ月クーポンによる有料プランを利用した状態から、無料プランへの移行する際の手順の概要は次のようになります。

１．期間が切れる一週間前くらいに「無料試用版 サブスクリプションの無効化のお知らせ」という件名のメールが来る。

２．Azureのポータルにログインし、「まもなく無効化されます」の警告をクリックする。

３．従量課金へのアップグレードが案内されるので、案内に従って操作する。

４．無料試用中に作成した既存リソースをすべて削除

５．従量課金へ移行済みの状態で、改めてWeb App等のリソースを作成し直す。

・メールが来た時点では未だクーポンは無効化されていない。

　―Azureのポータルへ飛ぶと「通知」のところに、「まもなく～無効化されます」という警告が表示されている。

　―従量課金へ変更後は、Web Appの「F1プラン（無料）」を選択することで、無料利用を継続することができる。

・無料試用中に選択可能なプランと、従量課金で選択可能なプランが異なる可能性もあるので、一度真っ新にして作り直すのがお勧め。

　―全てのリソースから、ここのリソースを削除することも可能だが、依存関係などもあり少々大変。

　―「リソースグループ」にまとめて作成しておいて「グループ」を一括削除する方法を取るのが容易。

・「従量課金」でのWeb Appの作成方法は、「無料試用」の場合とほぼ同様。

　―「App Service プラン/場所」を指定する部分に注意。

　―「価格レベルを選択」で「★お勧め」ではなく「すべて表示」することで、「F1 Free」を選択することができる。

　―Web Appを再作成する際は、その名称を以前の物とは別のものにする。　　　そうしないと、再作成と削除のタイミングがバッティングして、意図しないエラーが発生することがある。

従量課金 サブスクリプションでの、課金状態の確認方法

移行後の課金状態は、以下の操作で確認することができます。

1．Azureポータル＞左ペインの「その他のサービス」＞「サブスクリプション」を選択
2．「従量課金」が1本あるので、これをクリックする。

//

　Web Appのリソース作成に成功すると、図2.5の状態になります。この時点では、公開スペースが準備できただけで、そのスペースで動作するWebアプリのソースコードは紐付いていません。この画面「Web Appの概要」[7]の右側に表示されている「URL」が、今回公開するRESTful Webサービスの「Azureサーバーのドメイン」になります。

　続いて、Web Appの概要画面から、「デプロイのオプション＞ソースの選択＞GitHub」と進みます（図2.6）。続けると「承認」画面が表示され、GitHub側のWebページが表示されます。これはGitHubのOAuth認証のページです。アカウントとパスワード入れてAzureからのGithubへのアクセスを認証します。続いて、「プロジェクトの選択」を選びAzureで公開するリポジトリを選択します。それ以外の項目は、デフォルトのままで「OK」を押します。

図2.5: Web Appリソース作成完了

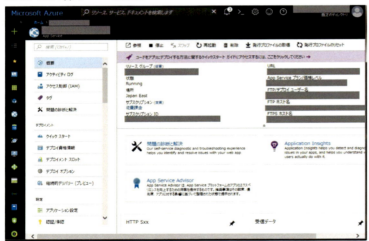

---

7. この画面は、ポータルの画面「全てのリソース」から呼び出すことが可能です。

図2.6: ソース置き場としてGitHubのリポジトリを紐付ける

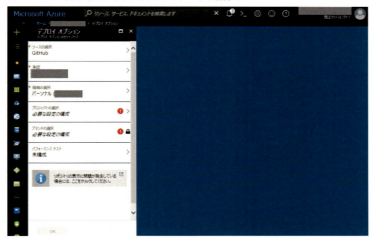

リポジトリ設定を完了すると、「正常にセットアップされました」と表示されます。Webブラウザから、先ほどの「URL」を元に次のURLをブラウザで開いて動作確認します。

```
http://[Azureサーバーのドメイン]/api/v1/show/version
```

先の第1章「スクレイピングアプリをローカルで作る」で実施した際と同じバージョン表示がなされれば、AzureへのRESTful Webサービスの公開は完了です。続いてブラウザ上から次のURLへアクセスします。第1章「スクレイピングアプリをローカルで作る」にてローカル環境で表示したものと同じカレンダーが表示されることを確認してください。

これで、AzureでNode.jsによるWebサーバーとRESTful APIサーバーの公開が完了しました。

```
http://[Azureサーバーのドメイン]/index.html
```

URLへのアクセスエラーが出ても慌てない

セットアップ完了の通知表示の直後に、公開先のAzureのURLにアクセスすると、エラーすることがあります。10分くらい間をおいてから、再アクセスしてみてください。

2.4 認証情報を設定する

前節までの状態は、Webページにアクセスした際に表示されるカレンダーの内容は「静的」なものになっています。スクレイピングは実行していません。

今回のWebアプリは「自分個人、もしくは少数の知人」でのみ利用することを前提としています。なので、その少数の人々が利用するためのキーをAzure側の環境変数に設定します。これは、外から（GitHub上など）は見えないキーとなります。知っている人だけが利用可能です。

Azureのポータル画面から、前節で作成した「Web App」のリソースを開きます（ダッシュボードの「すべてのリソース」欄から対象をクリックします）。左ペインの「設定＞アプリケーション設定」を選択して開きます。中段辺りにある「アプリケーションの設定」欄（図2.7）に「キー」と「値」を設定します。これが、ローカルで実施した「環境変数の設定」に相当します。

図2.7: Web Appの環境変数を設定

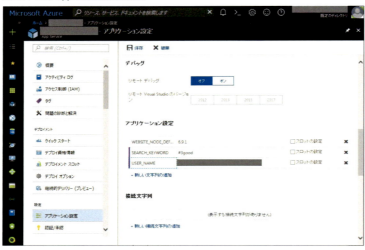

以下のキーと値を設定したら、「アプリケーションの設定」の上部にある「保存」を押します。環境変数が公開したWebアプリに反映されます。

2.5 さぁ、複数のデバイスからアクセスしよう

スマートフォンから、次のURLにアクセスしてみましょう（先ほどの、環境変数に設定した「任意のユーザー名」を含んだ形式です）。タブレットがある人は、タブレットからも同じURLにアクセスしてみましょう。もちろん、Windows端末からもこのURLをブラウザを開いてアクセスしてみてみましょう。MacでもOKです。

これで、世界にひとつだけのあなただけのWebアプリケーションが公開されました。

```
http://[Azureサーバーのドメイン]/index.html?username=任意のユーザー名
```

第3章　バッテリーを記録して、マルチデバイスから参照できるアプリを作る

　前章のアプリは、データはその場その場で生成して参照する形式の物でした。本章では、データを Azure 側に保存する機能を作ります。具体的には、クライアント PC のバッテリー残量をクラウド（Azure）に保存しておき、それを複数の端末から参照できるようにします。本章で扱うサンプルコードは、次のような 2 つの機能からなります。

・クライアント PC からバッテリー残量の記録を受け付けて、サーバー側で記録する。
・任意のクライアント端末（PC、スマホ、その他）のブラウザから参照を受け付けて、サーバー側に保存してあるバッテリー残量ログを返却する。

　記録対象の PC と、記録を参照する複数の端末クライアントのブラウザとの双方からデータの保存先であるデータベースが置かれたサーバーへアクセスする方法は、前章までと同様に RESTful API を採用します。

3.1　データの保存先に、SQL データベースを選択

　データの保存先として、「SQL データベース」を採用します。独自形式のファイルに保存しても良いのですが、参照はデータ数の管理の面から、一般に使われている「SQL データベース」を利用したが方が楽です。

　データベースにも種類が様々ありますが、「利用者が多くて汎用性がある」というメリットから、「SQL 言語で Write/Read できる、関係データベース管理システム (RDBMS)」を選択します。「関係データベース」は「Excel の一行の単位で、情報を紐づけて記録する」とイメージしてください。「管理システム」は「ファイルシステム」くらいの理解で良いです。

　一般に、関係データベース管理システムへの Write/Read には「SQL 言語」を用いることができます。したがって「SQL 言語で、データベースへ保存と読み出しを行う」として、アプリを設計しておくと、保存先のデータベースの種類（MS SQL Server, My SQL, SQLite など）に依存せず、その運用コストや動作スペックに応じて任意に選ぶことができます。また後で変更することも容易です。

　本章でアクセスするデータベースを、以降では「SQL データベース」と呼ぶことにします。

3.2 SQL Server Express のインストールと動作確認

　Microsoft SQL Server Express （以降、ローカルの SQL Server と略記）[1] と、Microsoft SQL Server Management Studio Express （以降、SS Management Studio と略記）[2] をローカルの Windows 環境にインストールします[3]。本章のサンプルコードは、「SQL Server 2017 Express エディション」と「SQL Server Management Studio 17.5」で動作確認を行っています。ローカルの SQL Server インストール時の設定項目は特にありません。デフォルトのままで「インストール」を押して進めてください。インスタンスはデフォルトの「SQLEXPRESS」が設定され、図 3.1 のように完了します（パソコンを再起動してください）。続いて、SS Management Studio をインストールします。こちらも特に設定項目はありません。最初の画面図 3.2 で「インストール」ボタンを押すだけです。

図 3.1: ローカルの SQL Server インストール完了画面

---

1. こちらの URL から SQLServer2017-SSEI-Expr.exe を取得します。https://www.microsoft.com/ja-jp/sql-server/sql-server-editions-express
2. こちらの URL から SSMS-Setup-JPN.exe を取得します。https://docs.microsoft.com/ja-jp/sql/ssms/download-sql-server-management-studio-ssms
3. SQL Server Express と SSMSE のインストール方法については、こちらの Web ページが参考になります。SQL Server 2016 向けですが、最新の 2017 版でも操作性はほぼ同じです。https://creativeweb.jp/fc/2016-express/

図3.2: SSMSE として追加する機能例

SS Management Studio の用途

　SS Management Studio が無いと、SQL Server へのアクセス方法が本当に正しいのか、の確認が困難になります。SQL Server への Node.js からのアクセスが失敗した場合に、SS Management Studio でアクセス成功しているならば、少なくとも SQL サーバー側の設定値は正しい、と問題を切り分けることができます。したがって、呼び出し側の Node.js のコード側に間違いが無いか、の調査に注力できるようになります。

　インストールを終えたら、SS Management Studio を起動して[4]ローカルの SQL Server への接続確認を行います。このときのサーバー名とログインアカウントはデフォルトで設定されているので、そのまま「接続」ボタンを押します（図3.3）。この時点では「Windows認証」になっているので、「SQL Server認証」での接続用アカウントを追加します。

---

[4].Windows キー＋「S」で立ち上がる検索ボックスに「Microsoft SQL Server Management Studio」を入力して起動するのが簡単です。

図 3.3: SQL Server へ接続確認を行う

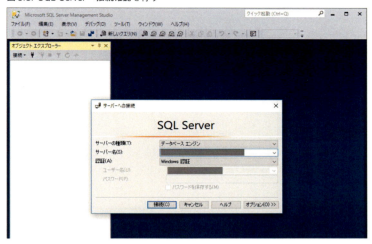

　SS Management Studio の左ペインの「オブジェクトエクスプローラー」から「セキュリティ＞ログイン」開きます。右クリックして「新しいログイン」メニューを選択します。「ログイン - 新規作成」ダイアログが表示されるので、「ログイン名」の下にある「SQL Server 認証」を選択します。図3.4のように、「ログイン名：sample001user」（本章ではこれを採用します。もちろん任意ですので変更してかまいませんが、その場合は以降の記載を読み替えてください）と、「パスワード」を設定します。簡単にするため「パスワード ポリシーを適用する」のチェックを外します（有効期限が無期限となります）。「OK」ボタンを押して「SQL Server 認証」でのアクセス用アカウントを追加します。左ペインの「オブジェクトエクスプローラー」に戻り、一番上の項目で右クリックして「プロパティ」メニューを選択します。「サーバーのプロパティ」ダイアログ（図3.5）が開くので、「SQL Server 認証モードと Windows 認証モード」を選択して「OK」ボタンを押します。続いて、「SQL Server 2017 構成マネージャー」[5]から「SQL Server ネットワークの構成」を開き、「TCP/IP」でのアクセスを「有効」にします[6]。SQL Server の再起動を求められるので、同じく「構成マネージャー」の「SQL Server サービス」を選択してサービスを再起動します。これで、Node.js での Web サーバーから SQL Database にアクセスできるようになります。

---

5. SS Management Studio ではなく、SQL Server 側のツールです。検索ボックスに「SQL Server 2017」と入れて表示される候補リストから起動するのが簡単です。
6. デフォルトでは「TCP/IP」での接続は「無効」になっています。

図 3.4: SQL Server 認証でのアクセス用アカウントの追加

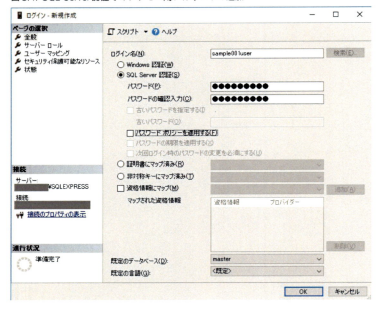

図 3.5: SQL Server 認証を有効にする

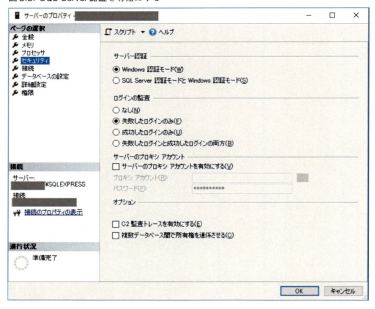

図 3.6: TCP/IP でのアクセスを有効にする

　SS Management Studio に戻り、メニューから「ファイル＞オブジェクトエクスプローラーを接続」を選択し、今度は図 3.7 のように「SQL Server 認証」で接続します。ユーザー名には先ほど作成した「sample001user」を入れてください。

図 3.7: SQL Server 認証で接続し直す

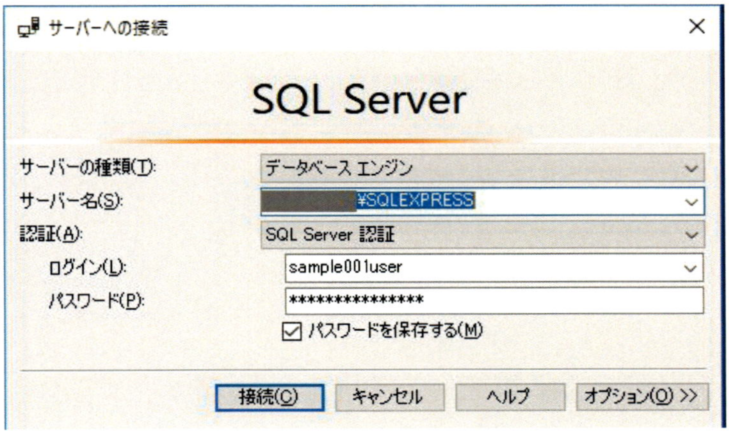

　SS Management Studio からのアクセスに成功しましたら、テスト用のデータベース（SQL Database）を作成します。このとき、「データベース名」は**アルファベットと数字のみで構成**し、記号は使わないことをお勧めします。**データベース名に記号が含まれていると、意図しない動作を引き起こす**ことがあるためです。

　たとえば「ハイフン(-)」が含まれていると、mssql モジュール[7]からアクセスする際にローカル環境の SQL Server では**問題なく動作する**一方で、Azure SQL Server では「Reference to database and/or server name in 'データベース＆テーブル名' is not supported in this version of SQL Server. 40516」という**エラー**になります。本章では「tinydb」という名称で作成します。もちろん任意ですので、変更した場合には以降の記述を読み替えてください。

7.Node.js から SQL Server へアクセスする際に用いるモジュール

テーブルを作成しましたら、「オブジェクトエクスプローラー＞セキュリティ＞ログイン」から先ほど作成した「sample001user」を右クリックして「プロパティ」メニューを選択します。図3.8のように「ユーザーマッピング」を選択し「tinydb」を選択後に、「db_owners」にチェックを入れてください。

図3.8: SQL Server 認証用のアカウントの権限を設定

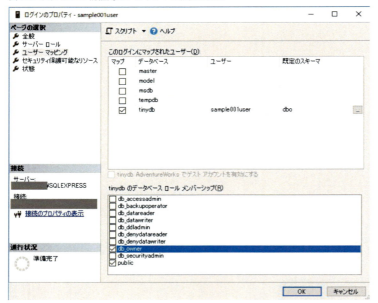

作成したアカウントの有効期限について

　デフォルトの「パスワード ポリシーを適用する」では、SQL Serverのアカウントのパスワードには有効期限が定められます（OS環境に依存しますが当方の環境では42日間となっておりました）。有効期限を越えると「ユーザー 'sample001user' はログインできませんでした。理由: このアカウントのパスワードの有効期限が切れています。」というエラーが発生するようになります。この場合、パスワードを変更するか、もしくは有効期限を無効にしてください。
・デフォルトの有効期限を確認する方法：「コントロールパネル」＞「管理ツール」＞「ローカル セキュリティ ポリシー」を参照する。
・有効期限を無効にする方法：SSMS (Management Studio) で セキュリティ＞ログイン」のアカウントで「パスワードの期限を適用する」のチェックを外す。

　Node.jsで作成したローカルWebサーバーから、SQL Databaseにアクセスするサンプルコードリスト3.1はサポートサイトで公開しております。本章のサンプルコードをダウンロードし、任意のフォルダに格納してください。

リスト3.1: Node.jsでSQLデータベースIOを実装したファイルリスト

```
package.json
README.md
server.js
src/api_restful_manager.js
   /api_sql_tiny.js
   /debugger.js
   /factory4require.js
   /http_router.js
   /responser_wrapper.js
   /sql_parts.js
test/api_sql_tiny_test.js
   /responser_wrapper_test.js
   /sql_parts_test.js
```

　前章で行ったサンプルコード内のpackage.jsonで定義してある「動作に必要なモジュール」の取得を、本章でも行います。これは、前章と同様に次のコマンドラインを実行して、取得を行ってください。node_modulesフォルダが作成されて、その配下に格納されます。

```
npm install
```

　サンプルコードは、テストコードも作成済みですので、テストフレームワークを用いて、期待した環境構築ができたかを確認します。前章と同様に、次のようにして自動テストを実行してください。

```
npm test
```

　本章のサンプルコードは、SQL Databaseへのアクセスに必要な認証情報（アカウントとパスワード）を環境変数から取得する仕様となっています。認証情報を、ソースコード内に直接書かないのは、前章と同様です。

　次のようにしてWindows環境変数にSQL Server名[8]とアカウント、パスワードを設定し[9]、Node.jsからserver.jsを起動します（ローカルWebサーバーを停止するときは、ctrl + Cを押してください）。[10]

---

8. ローカルの SQL Server 名は、SS Management Studio から接続する際の接続ダイアログの値と同じです。
9. 環境変数への設定は「一時的に」です。
10. 前章の後半での実施例と同様に、本章でも「node server.js」ではなく「npm start」での実行形式を採用します。package.json の start オプションに「node server.js」を指定しておいて呼び出している仕組みは同様です。

第3章　バッテリーを記録して、マルチデバイスから参照できるアプリを作る　　49

リスト 3.4: SQL サーバー向けの設定値を環境変数に指定した後、Node.js を起動する

```
set SQL_SERVER=[ SQL Server 名 ]
set SQL_USER=[ アカウント ]
set SQL_PASSWORD=[ パスワード ]
set SQL_DATABASE=[ データベース名 ]
npm    start
```

Webブラウザから「`http://localhost:8037/api/v1/sql`」にアクセスして以下が表示されることを確認します。

リスト 3.3: SQL サーバーの Node.js 越しのアクセス確認

```
{ "result":"sql connection is OK!" }
```

以上で、ローカル環境内での「ブラウザ⇒Node.js によるWebサービス（Webサーバー）⇒ SQL Server」へのアクセスを確認できました[11]。WebブラウザからのSQL Server へのアクセスの流れはこのようになります。

次以降の節では、この章で作成した「SQLデータベース」にテーブルを作成します。SQLデータベースへのデータの読み書きを行います。

3.3　SQLデータベースのテーブル構築

SQLデータベースの構築を、本節では「SQLコマンド[12]を用いてコマンドライン（SQLクエリーエディタ）から行う方法」で実施します。同じ操作を、SQLコマンドを用いずにGUI上からグラフィカルに行うこともちろん可能ですが、本書では割愛します。GUIでの操作と、SQLコマンドでのより詳しい操作については、『Microsoftの「自習書シリーズ」』[13]のページが大変分かりやすいです。一度は参照することをお勧めします。

3.3.1　SQLデータベースにテーブルを追加

先ほど作成したSQLデータベースに、「テーブル」[14]を追加します。「テーブル」はExcel表をイメージしてください。この「テーブル」がデータベースの実態となります。今回は「アクセス許可の管理用テーブル」と「バッテリーログ用テーブル」を作成します。それぞれの用途は以下となります。

---

11. このタイミングでは、SQL Server へのログインまでの確認となります。データベースの実態であるテーブルへアクセスしておりません（テーブルはそもそも未作成です）
12. データベース管理システムへアクセスする標準的なコマンド言語、と捉えてください。
13. 「ささっと試せる SQL Server 超入門（117 ページ）（11.9MB）」、「Microsoft Azure SQL Database 入門（241 ページ）（19.8MB）」などの pdf ファイルが置かれています。情報が少々古い記載もありますが参考になります。次の URL の検索ページでそれぞれのタイトルを入力することで参照できます。https://www.microsoft.com/ja-jp/cloud-platform/documents-search
14. 「関係スキーマ」とも呼ばれ、データを格納する表のことです。

50　　第3章　バッテリーを記録して、マルチデバイスから参照できるアプリを作る

・アクセス許可の管理用テーブル

　ここに記載された「識別キー」（詳細は後述）に対してのみ、RESTful APIでのアクセスを許可します。

・バッテリーログ用テーブル

　デバイス毎（識別キー毎）にバッテリー残量を記録します。

次のようにしてテーブルを作成し、設定を行います。

1．SS Management Studio から「クエリー エディター」を開く

2．テーブル作成のSQLコマンドを実行する

3．主キーや自動インクリメントを設定する[15]

　作成するテーブル名は、アクセス管理用を「owners_permission」、バッテリー残量記録用を「batterylogs」とします。先ず、SS Management Studio を起動して、先ほど作成したアクセス用アカウントでログインします。上部のメニューから「新しいクエリー」をクリックします。「クエリー エディター」（図3.9）が起動するので、次のSQLコマンドを入力します（リスト3.4）。「実行」を押すと、テーブル「owners_permission」と、「batterylogs」が作成されます。

リスト3.4: SQLコマンドでテーブルを生成する

```
USE [tinydb]
CREATE TABLE [dbo].[owners_permission](
  [id] [int] NOT NULL,
  [owners_hash] [char](64) NOT NULL,
  [max_entrys] [int] NOT NULL
)
CREATE TABLE [dbo].[batterylogs](
  [id] [int] NOT NULL,
  [created_at] [datetime] NOT NULL,
  [battery] [int] NULL,
  [owners_hash] [char](64) NULL
)
```

　下段にメッセージ欄に「コマンドは正常に終了しました」が表示されればテーブル作成は成功です。利用した「クエリー エディター」の窓は閉じてしまって構いません。「保存しますか？」と聞かれますが保存は不要です。「いいえ」を選択してください。

---

15. 主キーや自動インクリメント等の属性もSQLコマンドで指定可能ですが、今回はGUIで作成します。

図 3.9: SS Management Studio のクエリー エディター

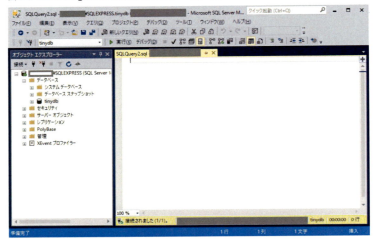

　作成したテーブルは、SS Management Studio の左ペイン「オブジェクト エクスプローラー」から「SQL Server名（通常はPC名）＞データベース[16]＞作成済みのSQLデータベース（以下の例では「tinydb」とします）＞テーブル」と辿り、「テーブル」をダブルクリックするとプルダウンされて、ビジュアルに確認することが出来ます。テーブル「owners_permission」と、「batterylogs」が作成されていることを確認してください。テーブル毎の中身は、テーブル（たとえばdbo.owners_permission）の上で右クリックしてコンテキストメニューから「上位200行を編集」を選択することで見ることができます。

　それぞれのテーブルの列の目的は次の通りとなります。

- owners_permission テーブル
    id : 総数のカウント。主キー。
    owners_hash : アクセスを許可するデバイスの識別子。
    max_entrys : デバイスごとの、記録数上限値。
- batterylogs テーブル
    id : 総数のカウント。主キー。
    created_at : 記録した日時
    battery : バッテリー残量（パーセンテージ）
    owners_hash : デバイスの識別子。

テーブルの命名規則について

　テーブル名称は「スネーク記法」を用いて、「小文字のみ」としておくことをお勧めします。

---

16. データベース管理システム（RDBMS）が提供する管理機能一覧、カテゴリ層、と捉えてください。「データベース」(の構成管理) の他に、「セキュリティ」、「サーバーオブジェクト」（これはバックアップ関連）などがあります。

大文字と小文字を区別するか否か、が環境依存するため大文字は利用しないほうが安全です。

なお、テーブル名称は「複数形」を用いるのが一般的です。

続いて、自動インクリメント[17]と主キー[18]をGUIを用いて設定します。左ペイン「オブジェクト エクスプローラー」からテーブル「dbo.owners_permission」を選択し右クリックでコンテキストメニューを表示して「デザイン」をクリックします。するとテーブルの列の構成を編集する画面が開きます（図3.10）。列名（今回は、id）を選択し、下段ペインの「列のプロパティ＞テーブル デザイナ」で「IDENTIFYの指定：はい」にすると、自動インクリメントされるようになります。もう一度、列名の上で右クリックして（idの上）コンテキストメニューを表示し、今度はメニューから「主キーの設定」を選択します[19]。

以上で、テーブル「dbo.owners_permission」に対する自動インクリメントと主キーの設定は完了です。もう一方のテーブル「dbo.batterylogs」に対しても同じ操作を行ってください。

図3.10: SS Management Studio の列編集画面

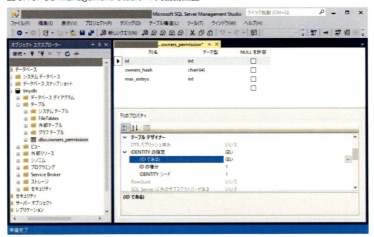

「変更の保存が許可されていません」、と言われても慌てない

『変更の保存が許可されていません。行った変更には、次のテーブルを削除して再作成することが必要になります。再作成できないテーブルに変更を行ったか、テーブルの再作成を必要とする変更を保存できないようにするオプションが有効になっています。』のエラーが出た場合は「ツール＞オプション＞デザイナ＞デザイナオプション」で「テーブルの再作成を必要とする変更を保存できないようにする」のチェックを外してください。その上で、あらためて自動イン

---

17. 新しい行を挿入する際に自動採番する設定です。これにより唯一性を容易に確保できます。
18. 行のデータを一意に識別できるキー、を意味します。主キーが異なれば行のデータが異なるものを表す、ように設定します。
19. アクセス管理用のデータベースのid列を主キーとするのは、SQLアンチパターンの可能性がありますが、今回は分かりやすさ優先でこのように設定します。

クリメントと主キーの設定を行ってください。

||||||||||||||||||||||||||||||||||||||||||||||||||||||||||||||||||||||||||||||||||||||||||||||||||||||||||||||||||||||||||||||||

3.3.2　テーブルにデータを追加する

　続いて、管理用テーブルに「アクセスを許可するデバイスの識別子」を追加します。今回は、アクセス元のデバイスのMACアドレスのmd5ハッシュ値を「デバイス識別子」として用いることにします。このMACアドレスとmd5ハッシュ値の組み合わせは今後も利用しますので、控えておくようにしてください。リスト3.5で「xxxx」としている記載の部分を、利用予定のクライアントのMACアドレス文字列のmd5ハッシュ値[20]を求めて読み替えてください。INSERT文は紙面の都合で2行に書いていますが1行で入力してください。

リスト3.5: SQLテーブルにデータを追加する

```
USE [tinydb]
INSERT INTO dbo.owners_permission(owners_hash, max_entrys)
        VALUES('xxxxx', 17280 )
```

3.4　SQLデータベースへの、SQL Management StudioからのI/O確認

　本章の目的は、RESTful APIを用いて、Node.js経由でSQL ServerへInput/Outputすることですが、その際に用いるSQLコマンド文が期待した動作をすることを、先行して検証します。Node.jsからのSQL ServerへのI/OアクセスはSQLコマンドを用いて行いますので、この節にて Node.jsに記載するSQLコマンドのイメージを掴んでください。

　SQL Management Studio にてアクセス用アカウントを用いて、SQL Serverへログインします。クエリーエディターを開いて、リスト3.6のSQLコマンドを入力して「実行」をクリックします（図3.11）。INSERT文は紙面の都合で2行に書いていますが1行で入力してください。このとき、xxxxには、「3.3.2 テーブルにデータを追加する」でアクセス管理用テーブルに格納した「デバイス識別子」を指定してください[21]。

リスト3.6: SQLコマンドでのログデータの挿入

```
INSERT INTO [tinydb].dbo.batterylogs( created_at, battery,
      owners_hash ) VALUES('2018/04/09', 100, 'xxxx')
```

---

20. 「MD5ハッシュ計算ツール」などでGoogle検索すると、Web上で計算を行ってくれるサービスが見つかります。コマンドラインでやるなら、Microsoft製の「File Checksum Integrity Verifier ユーティリティ」あたりもお勧めです（Windows 7, 8.1, 10でも動きます）。
21. ここで何かしらのチェック機構があるわけではありませんが、後述するNode.jsからのI/Oに合わせた動作としています。

54　　第3章　バッテリーを記録して、マルチデバイスから参照できるアプリを作る

実行後に、テーブル「batterylogs」の上で右クリックしてコンテキストメニューから「上位200行を編集」をクリックすると、GUIでテーブルの内容を参照できます（図3.12）。上記で指定した日付とバッテリー残量がテーブルに追加されていることを確認してください。

図3.11: SQLコマンドでテーブルにデータを挿入する

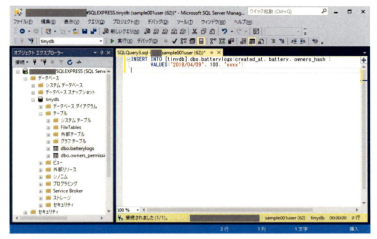

図3.12: テーブルの上位200行を編集

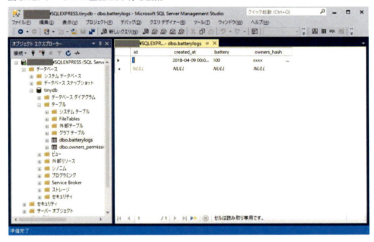

　クエリ エディターの内容を一度クリアします。続いて、リスト3.7のSQLコマンドを入力して「実行」をクリックします。SELECT文は紙面の都合で3行に書いていますが1行で入力してください。上記で格納した、バッテリー残量の行が取得できることを確認してください。

リスト3.7: SQLコマンドでのログデータの取得

```
SELECT created_at, battery FROM [tinydb].dbo.batterylogs
WHERE [owners_hash]='xxxx' AND [created_at] > '2018/04/04'
```

```
AND [created_at] <= '2018/04/09 23:59'
```

クエリー エディターの内容を一度クリアします。最後に、リスト3.8のSQLコマンドを入力して「実行」をクリックします。DELETE文は紙面の都合で2行に書いていますが1行で入力してください。実行後に、「上位200行を編集」からGUIでテーブルをGUIで参照し、今回に登録した列が削除されていることを確認してください。

リスト3.8: SQL コマンドでのログデータの削除

```
DELETE FROM [tinydb].dbo.batterylogs WHERE [owners_hash]='xxxx'
AND [created_at] > '2018/04/04'
AND [created\_at] <= '2018/04/09 23:59'
```

次の節では、今回にSS Management Studioから実行したSQLコマンドを、Node.js上から実行します。

‖‖‖
期間指定について

取得するバッテリーログの期間の終端を、始端と同様の「yyyy-mm-dd」表記ではなく「yyyy-mm-dd hh:mm」としていることに注意してください。「yyyy-mm-dd」だと、その扱いが「午前0時まで」となり当日のログが取得されません。このため明示的に「23:59まで」と指定しています。日付と時刻の間は半角スペースになります。

‖‖‖

3.5　SQLデータベースへの、APIによるI/O確認

この節では、RESTful APIを用いてNode.js越しにローカルのSQL ServerへのI/Oを確認します[22]。実行確認には、curlコマンドを利用します[23]。これは、コマンドラインからhttp通信（GET/POST/）を行うツール[24]です。以下を実行して、Node.js から server.js を起動します（「3.2 SQL Server Express のインストールと動作確認」での記載と同様です）。

リスト3.9: SQL サーバー向けの設定値を環境変数に指定した後、Node.js を起動する

```
set SQL_SERVER=[ SQL Server 名 ]
set SQL_USER=[ アカウント ]
```

---

22. 今回利用するサンプルソースでのAPIの仕様は付録を参照してください。

23. https://curl.haxx.se/download.html から取得できます。インストールなどは不要なので、ダウンロードしたら展開して、本体の curl.exe を実行するフォルダに置いてください。

24. 正確には、http 以外の通信も行えます。wikipedia によれば「cURL は URL シンタックスを用いてファイルを送信または受信するコマンドラインツール」です。https://ja.wikipedia.org/wiki/CURL#cURL

56　第3章　バッテリーを記録して、マルチデバイスから参照できるアプリを作る

```
set SQL_PASSWORD=[ パスワード ]
set SQL_DATABASE=[ データベース名 ]
npm    start
```

　server.js を起動した状態で、コマンドラインを開いてcURLコマンドを配置したフォルダに
移動します。次のコマンドラインを実行します。「aaaaa」には、「3.3.2 テーブルにデータを追
加する」でmd5ハッシュ値の算出に用いたMACアドレスと同じものを指定してください。紙
面の都合で2行に分けていますが、1行で記述してください。

```
curl "http://127.0.0.1:8037/api/v1/batterylog/add"
--data "mac_address=aaaaa&battery_value=51" -X POST
```

　正常終了すると、次のメッセージが表示されます。「xxxxx」は、MACアドレスのmd5ハッ
シュ値になります。「3.3.2 テーブルにデータを追加する」で設定した値と同じものが返ります。

```
{ "result":"Success to insert 51 as batterylog on Database!"
 ,"device_key":"xxxxx" }
```

　実行後に、SQL Management Studio からテーブルの「上位200行を編集」からGUIでテーブ
ルを参照し、上記で指定したバッテリー残量がテーブルに追加されていることを確認してくだ
さい。
　続いて、次のコマンドを実行します。上記で格納した、バッテリー残量の行が取得できるこ
とを確認してください。

```
curl
"http://127.0.0.1:8037/api/v1/batterylog/show?device_key=xxxx"
```

　なお、先ほどのSQLコマンドでの取得とは異なり、ここでは取得期間は指定していません。
これは、今回のRESTful APIのサンプルコードの実装系では「addされたときのサーバー側の
日時を、バッテリーログの日時として扱う」という仕様としているためです。何を言いたいか
というと、addで記録する日時は実行時のサーバーの時刻を記録する仕様としており、showで
の日時を指定ならばadd実行時に合わせて変更する必要がある、ということです。しかし今回
はshow側の「日時指定が省略された場合は、直近の一週間が指定されたものとして扱う」とい
う実装仕様を利用し、指定自体を省略することで簡易に確認操作を行っています（今回のサン
プルコードのadd, showなどの詳しい実装仕様は付録を参照してください）。

第3章　バッテリーを記録して、マルチデバイスから参照できるアプリを作る　│　57

また、上記はWebブラウザから次のURLにアクセスすることでも確認が可能です[25]。

```
http://127.0.0.1:8037/api/v1/batterylog/show?device_key=xxxx
```

最後に、以下のコマンドを実行します。「yyyy-mm-dd」は、本操作を実行する日の日付に変更してください（2018年4月9日であれば、「2018-04-09」になります）。紙面の都合上2行で記載していますが、1行で記述してください。

```
curl "http://127.0.0.1:8037/api/v1/batterylog/delete"
--data "device_key=xxxx&date_end=yyyy-mm-dd" -X POST
```

実行後に、テーブルの「上位200行を編集」からGUIでテーブルを参照し、今回に登録した列が削除されていることを確認してください。

次の章では、ローカルで作ったこの機能を、Azure上で再現します。

Node.js上からSQL Serverへアクセスするモジュールについて

ここでは、mssqlモジュールを利用します。理由は、「Promiseインスタンスを利用できるから」です。Microsoftの「Node.jsを使用してSQL Databaseに接続する[26]」のページでは「tedious」モジュールが案内されていますが、mssqlモジュール[27]はその「tedious」のWrapperモジュールであり、より容易な操作性（Promiseインスタンスが返る）が提供されています。

---

25. 表示はGETメソッドのため、ブラウザのURL欄のみで呼び出しが可能。一方の追加はPOSTメソッドのためブラウザからの実行はURLで完結せずに手間がかかるため省略します。

26.https://docs.microsoft.com/ja-jp/azure/sql-database/sql-database-connect-query-nodejs

27.https://www.npmjs.com/package/mssql

58 | 第3章 バッテリーを記録して、マルチデバイスから参照できるアプリを作る

第4章　バッテリー記録アプリを、Azureサーバー上に公開する

　本章では、前章で作成したRESTful APIを経由してSQLデータベースに記録と参照を行う機能を、Azure上で実装します。これにより、データをクラウド（Azure）上に配置できるので、どこからでも読み書きができるようになります。SQLデータベースは「Azure SQL Server」を利用します。

　次の流れでAzure上にサンプルコードを配置します。なお、AzureのアカウントとGitHubのアカウントは作成済みであることを前提とします。第2章「Azureの環境を準備して、スクレイピングアプリを公開する」で作成したものを利用してください。

1．GitHubにリモートリポジトリを作成
2．GitHubのローカルリポジトリを作成してファイルを格納
3．Azure Web APP のインスタンス作成
4．Azure Web APP にGitHubのリポジトリを紐付け
5．Azure SQL インスタンスの作成
6．Azure SQL のデータベースへテーブルの構築
7．Azure Web APP の環境変数などを設定して動作確認

　これらのうち、「GitHubにリモートリポジトリを作成」から「Azure Web APP にGithubリポジトリを紐付け」までは第2章「Azureの環境を準備して、スクレイピングアプリを公開する」で実施した内容と同じになります。ブラウザでGitHubのトップページにアクセスをして、先の章と同様にして「New repository」ボタンから、新規にリポジトリを作成してください。名称は任意です。続いてローカルリポジトリにCloneして、無視するファイルの設定である「.gitignore」ファイルの編集を同じように行ってください。第3章「バッテリーを記録して、マルチデバイスから参照できるアプリを作る」にて、ローカルでの動作確認を行った Node.js のサンプルソースコード一式をローカルリポジトリに格納してします。先の章と同様にリスト4.1のファイルとフォルダ構成になります。

　配置したら、GitHubのリモートリポジトリへPushしてください。

リスト4.1: Node.jsでSQLデータベースIOを実装したファイルリスト

```
package.json
README.md
server.js
src/api_restful_manager.js
   /api_sql_tiny.js
```

```
    /debugger.js
    /factory4require.js
    /http_router.js
    /responser_wrapper.js
    /sql_parts.js
 test/api_sql_tiny_test.js
    /responser_wrapper_test.js
    /sql_parts_test.js
```

　Azure Web Appのインスタンス作成も第2章「Azureの環境を準備して、スクレイピング
アプリを公開する」での操作と同じになります。インスタンス名のみ、別の名称を設定してく
ださい。「Web Appの概要」の右側に表示されている「URL」が、設定した名称に応じて、先
の章での値とは変わっているはずです。そのURLが本章で公開するRESTful Webサービスの
「Azureサーバーのドメイン」になります。Web Appの概要画面から、「デプロイのオプション
＞ソースの選択＞GitHub」と進み、本節で作成したGitHubのリポジトリを「プロジェクトの
選択」から選択してください。それ以外の項目は、デフォルトのままで「OK」を押します。

　リポジトリ設定を完了すると、「正常にセットアップされました」と表示されます。動作確
認、を行う前に本節では「Azure SQL Server」のインスタンス作成を行います。この「データ
ベースへのテーブル構築」は、第3章「バッテリーを記録して、マルチデバイスから参照でき
るアプリを作る」で行った構築を、Web上のリモート環境へ再現する操作となります。次の節
にて説明します。

4.1　Azure SQL のリソース作成と動作確認

　第2章「Azureの環境を準備して、スクレイピングアプリを公開する」と同様にして作成した
「Web App」のリソースを開きます。開いたWeb Appの管理画面の左ペイン「モバイル＞デー
タ接続」から「＋Add」でデータベースを新規作成します。このとき、ポータル画面の左ペイン
の「＋新規」から直接SQL Serverを選択すると、「有料プラン（2GB～）」のみが表示され「無
料プラン（～32MB）」が選べませんので注意してください（最初の1ヶ月クーポンが利用でき
る方は、「＋新規」から作成してもかまいません。その場合は、任意の有料プランを選びます）。

　図4.1、図4.2のように「モバイル＞データ接続＞必要な設定の構成＞新しいデータベースの
作成」と選択します。「SQL Database」のペインが開くので、そこにある「価格レベル」を選
択します。プラン一覧を下までスクロールすると「Free」があるので、クリックして選択しま
す[1]。「SQL Database」のペインに戻るので、続いて「対象サーバー」を選択します（図4.2）。
「サーバー」ペインが表示されるので「＋新しいサーバーの作成」を選択してSQL Databaseを

---

1. 無料プラン「Free」のSQL Databaseは、サブスクリプション1つあたり1つしか作成できないので留意してください。

公開するサーバーを作成します[2]。

図 4.1: データ接続から Database を新規作成

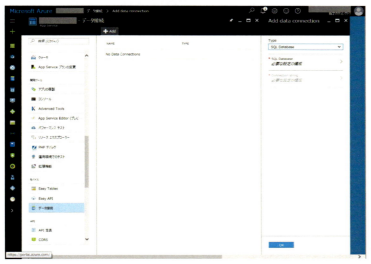

図 4.2: 価格レベルからフリープランを選ぶ

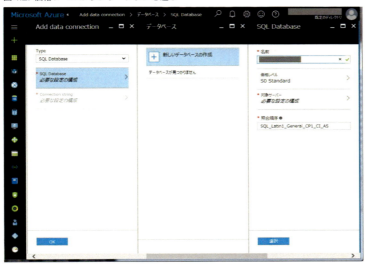

　「新しいサーバー」ペインが開くので、「サーバー名」と「サーバー管理者ログイン」、「パスワード」、「場所」を入力します。「サーバー名」は任意の名称でかまいませんが、この名称がSQL Server の URL の一部になります。「サーバー管理者ログイン」と「パスワード」はそれぞれ SQL Server へログインするための「管理者」のアカウントと、パスワードになります（第3

---

2. ややこしいですが、「SQL データベースが格納されたサーバーが SQL Server で、このサーバーに対して SQL 言語で I/O する」と捉えてください。

章「バッテリーを記録して、マルチデバイスから参照できるアプリを作る」でSS Management Studioからのログインに利用したユーザー名とパスワードと同じ位置づけです）。「場所」は、好きな場所でかまいませんが、Web App を作成する際に選んだ場所と同じ場所をお勧めします。「Azureサービスにサーバーへのアクセスを許可する」はデフォルトのまま「ON」にします（Offだと、Web Appからアクセスできません）。サーバー名には、ハイフンやアンダーバーを含めないようにしてください。「新しいサーバー」ペインでの入力を終えたら「選択」ボタンを押して閉じます。

「SQL Database」のペインに戻るので、「名前」にデータベース名を入力します。この名称も任意で構いませんが、ハイフンやアンダーバーを含めないようにしてください。理由は第3章「バッテリーを記録して、マルチデバイスから参照できるアプリを作る」と同じになります。ローカル環境で作成したデータベース名と同一にしておくと、名称差異による動作差分に悩まされずに済むのでお勧めです。最後に、**照合順序**をデフォルト値「SQL_LATIN1_GENERAL_CP1_CI_AS」から「Japanese_CI_AS」へ変更します。「選択」を押して「SQL Database」のペインへ戻ります。そのほかの項目（Connection string、等）はデフォルトのままで構いません。以上の入力が完了したら「OK」を押します。SQL Database のリソース作成が始まるので完了通知を待ちます。

||||||||||||||||||||||||||||||||||||||||||||||||||||||||||||||||||||||||||||||||||||||||||||||||||||||||||||||||||||
エラー通知が来ても慌てない

Free プラン故か、SQL Database のリソース作成は「失敗」することが数回あるようです。「エラー」の通知が来ても慌てず、10〜30分ほど時間を空けた後に同じ設定値で再作成します。なお、リトライ前に「全てのリソース」にSQL Database が出来上がってないか確認してください。「エラー」の通知がありつつも、図4.3のようにいつの間にかリソース作成に成功していることがあるためです。

||||||||||||||||||||||||||||||||||||||||||||||||||||||||||||||||||||||||||||||||||||||||||||||||||||||||||||||||||||

図 4.3: 作成済みリソース一覧

Azure SQL Serverの無料プラン「Free」は最初の1年間のみ利用可能

　Azure SQL Serverで無料プラン「Free」を利用可能なのは、Azureのアカウントを作成してから最初の1年間のみとなります[3]。1年が経過しますと、Basicプラン（575円／月〜）へ自動的に切り替えとなります。アカウント作成から1年経過後は、「価格レベル」に無料プラン「Free」が表示されなくなります。このため、それ以降にAzure上でSQLデータベースを無料で運用したい場合は、後の章で紹介するSQLite等の検討が必要となります。なお、Web Appの無料プランについては、有効期限は現時点ではありません[4][5]。

　続いて、Azure SQL Server ファイヤーウォールを設定します。「すべてのリソース」から今しがた作成した「SQL データベース」（図4.3）をクリックします。パネルの右上にある「サーバーファイアーウォール」を選択します（図4.4）。規則名に任意の名称を入れ、開始IPと終了IPにクライアントPCのIPアドレスを入力して「保存」を押します。設定画面に「クライアントIP アドレス」が表示されていますが、これは参考表示であって、このIPアドレスに対して明示的に規則を設定しないとアクセスできません。

3.Azure 無料アカウントとは何ですか? https://azure.microsoft.com/ja-jp/free/free-account-faq/
4．1年間無料で利用できます。 https://azure.microsoft.com/ja-jp/free/
5.https://azure.microsoft.com/ja-jp/pricing/details/app-service/

図 4.4: 右上にファイヤーウォール設定がある

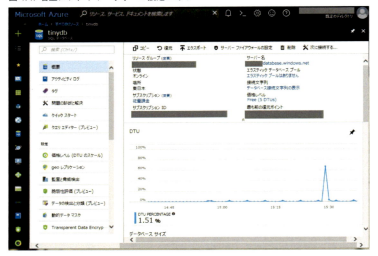

　ファイヤーウォールの設定が完了したら、クライアント PC から Azure SQL Server へアクセスできるかどうかを確認します。「SS Management Studio」を起動し、サーバーへの接続のダイアログにて「サーバー名」の欄に先ほどの SQL Database のリソース概要ページの右上に表示されている URL を入力します[6]。認証は「SQL Server 認証」を選択し、ログインとパスワードは先ほど「サーバー管理者ログイン」、「パスワード」として設定した値を入力します。接続に成功すれば、Azure 側の SQL Server の設定は完了です。

　Azure の Web App リソースを開き（「すべてのリソース」から開けます）、左ペインの「アプリケーション設定＞アプリ設定」に作成した Azure SQL Server のサーバー名（= URL）とアカウント、パスワード、データベース名を、設定します（図4.5）。この「アプリ設定」が「環境変数の設定」となります。キーの欄には、第3章「バッテリーを記録して、マルチデバイスから参照できるアプリを作る」でローカルでの server.js の動作検証時に設定した環境変数名と**同じ名称**を指定し、それぞれキーの値を次の組で設定してください。

```
SQL_SERVER=[ SQL Server 名（URL） ]
SQL_USER=[ アカウント ]
SQL_PASSWORD=[ パスワード ]
SQL_DATABASE=[ データベース名 ]
```

---

6. サーバー名を URL として読み替える以外は、第 3 章「バッテリーを記録して、マルチデバイスから参照できるアプリを作る」でローカルの SQL Server への接続確認と同じやり方です

図 4.5: Web App の環境変数を設定

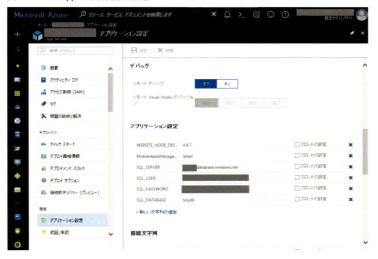

以上で、Azure 側の環境変数の設定は完了です。Web ブラウザから http://[Azure サーバーのドメイン]/api/v1/sql にアクセスして次が表示されることを確認します。

```
{ "result" : "sql connection is OK!" }
```

ここまでで、「ブラウザ⇒Node.js による Web サービス（Web サーバー）⇒ Azure SQL Database」という RESTful API での SQL Server へのアクセス確認が出来ました。

次の節では、Azure 側の SQL データベースにテーブルを構築して、RESTful API でのデータを Input/Ouput する準備を行います。

4.2 Azure SQL データベースのテーブル構築と動作確認

Azure SQL データベースに、テーブルを追加します。SS Management Studio から Azure SQL Server へログインすると、図 4.6 のように表示されます[7]。

---

7. このスクリーンショットでは既にテーブルが追加済みです。

図 4.6: SS Management Studio からの Azure SQL データベースの見え方

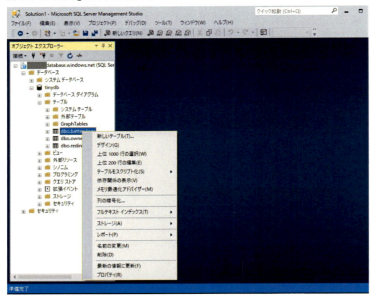

　テーブルの追加の手順は第3章「バッテリーを記録して、マルチデバイスから参照できるアプリを作る」で行ったローカルのSQLデータベースへテーブル追加と、次の2点を除いて同じです。

・ローカル環境と異なり、SQLコマンド実行時の最初のUSE コマンドは不要です[8]。
・自動インクリメントと主キーの設定を行う際は、「構造」ではなく「デザイン」メニューからの操作になります（図4.6）。

SS Management Studioの「クエリー エディター」からSQLコマンドの実行と、GUIで次の操作を実施してください。

1. アクセス管理用テーブル「owners_permission」、バッテリー残量記録用テーブル「batterylogs」を作成。
2. 作成した2つのテーブルに、自動インクリメントと主キーを設定。
3. アクセス管理用テーブル「owners_permission」に、アクセスを許可するデバイスの識別キー（MACアドレスのmd5ハッシュ値）のデータを挿入。

　参考までに、テーブル作成を行うSQLコマンドを以下に記載します。第3章「バッテリーを記録して、マルチデバイスから参照できるアプリを作る」での実行内容と、USEコマンドが無い以外は同一です。

```
CREATE TABLE [dbo].[owners_permission](
    [id] [int] NOT NULL,
```

---

[8].Azure SQL Server に対して SQL 文の USE コマンドを実行するとエラーします。

```
    [owners_hash] [char](64) NOT NULL,
    [max_entrys] [int] NOT NULL
)
CREATE TABLE [dbo].[batterylogs](
    [id] [int] NOT NULL,
    [created_at] [datetime] NOT NULL,
    [battery] [int] NULL,
    [owners_hash] [char](64) NULL
)
```

　テーブルを作成しましたら、第3章「バッテリーを記録して、マルチデバイスから参照できるアプリを作る」と同様にSS Management Studioから「クエリー エディター」を起動して、以下の3つのSQLコマンド（INSERT, SELECT, DELETE）が動作することを確認してください。紙面の都合で折り返して記述していますが、それぞれのSQLコマンドは1行で記述してください。

```
INSERT INTO dbo.batterylogs(created_at, battery, owners_hash )
    VALUES('2017/04/09', 100, 'xxxx')

SELECT created_at, battery FROM [tinydb].dbo.batterylogs
    WHERE [owners_hash]='xxxx' AND [created\_at] > '2017/04/04'
    AND [created_at] <= 2017/04/09 23:59'

DELETE FROM [tinydb].dbo.batterylogs
    WHERE [owners_hash]='xxxx' AND [create_at] > '2017/04/04'
    AND [created_at] <= 2017/04/09 23:59'
```

　続いて、第3章「バッテリーを記録して、マルチデバイスから参照できるアプリを作る」と同様に、コマンドラインからcURLコマンドを用いて、RESTful APIによるAzure SQL Serverへの I/O動作を確認してください[9]。

　次の節では、このWebサービスを利用したクライアントアプリ（というか簡単なスクリプト）を動作させてみます。

SS Management Studio操作でエラーが出ても慌てない

　Freeプラン故か、SS Management StudioからAzure SQLデータベースのテーブルへの操作は「エラー」することがしばしばあります。当方の主観では「操作の開始時」にエラーすることが多いようです。

9.deleteのAPIでは、日付指定が必要ですので忘れないでください

第4章　バッテリー記録アプリを、Azureサーバー上に公開する　　67

これは、Freeプランの場合は「設定：コールドスタンバイ」となっているため、長時間アクセスがなかった後のアクセス時にインスタンスが起動するまでに時間がかかり、SS Management Studioの操作がタイムアウトするためと推定されます。

なお、有料とはなりますがFreeプラン以外（Basic以上）を利用することで、「設定：常時接続」を選択することができるようになります。これを選択しておくと、コールドスタンバイにならないため、操作の失敗を回避できると予測されます。

バッテリー記録する対象端末を増やすには

バッテリー残量を記録する端末を増やすには、その端末ごとのMACアドレスをmd5ハッシュ値に変換した値を、第3章「バッテリーを記録して、マルチデバイスから参照できるアプリを作る」での操作と同様にして「アクセス管理用テーブル」に追加してください。

||||||||||||||||||||||||||||||||||||||||||||||||||||||||||||||||||||||||||||||||||||||||||||||||||||||

4.3　クライアントからのコマンドラインベースでAPI利用

この節では、先の「4.2 Azure SQLデータベースのテーブル構築と動作確認」で公開したWebサービスを利用して、任意のWindows OSクライアントからバッテリー残量を記録するスクリプトの例を説明します[10]。

※本章のサンプルファイルの実行には、ノートパソコン等の**バッテリーを有する**Windows OSクライアント環境を準備してください。

4.3.1　バッテリー残量をポーリングして記録する

Visual Basic Script（以下、VBSと略記）とWindowsバッチファイル（以下、バッチファイルと略記）、cURLコマンドを組み合わせて、バッテリー残量をポーリング記録するスクリプトを作成します[11]。

以下の動作を記述したサンプルのバッチファイル一式リスト4.2をサポートサイトからダウンロードして、バッテリーを有するパソコンの任意のフォルダに格納してください。本サンプルファイルではcURLコマンドを利用していますので、curl.exe を同じフォルダに格納してください。

1．バッテリー残量を取得するVBSファイルを実行。
2．MACアドレスともにWebサービス（RESTful API）を呼び出して、得したバッテリー残量を記録。

10.Windows OSに限らず、AndroidやiOS等の任意のOS上から本Webサービスの利用は可能です。ここでは、バッテリー残量取得とhttpアクセスの容易さからWindows OSを例にとります。

11.もちろんバイナリファイルでクライアントアプリを作成しても構いません。ここでは簡単な試行のためにスクリプトファイルを利用します。

3．一定時間が経過したら、「1.」へ戻ってループする。

バッチファイル内の、MACアドレスの部分と、呼び出し先のAzureのURLを、ご利用の環境の値に書き換えてください。バッチファイルを呼び出すと、バッテリー残量のポーリング記録を開始します。

リスト4.2: バッテリー残量をAzure SQLデータベースへ記録するサンプルファイルリスト

```
getLeftBatteryPercent.vbs
logging_battery.bat
```

4.3.2　記録したバッテリー残量を任意の端末から参照する

記録したバッテリー残量の参照は、スマートフォンを含めた任意の端末から「4.2 Azure SQLデータベースのテーブル構築と動作確認」での動作確認時と同様に、次のURLへcRULコマンドもしくはブラウザからアクセスすることで可能です。

```
http://[Azureサーバーのドメイン]/
api/v1/batterylog/show?device_key=xxxx
```

次のようなjsonが取得されます。

```
{"result":
  "sql connection is OK!",
  "table":[
  {"created_at":"2017-03-18T12:41:54.000Z","battery":66},
  {"created_at":"2017-03-18T12:46:54.000Z","battery":63},
  {"created_at":"2017-03-18T12:51:56.000Z","battery":60},
  {"created_at":"2017-03-18T14:24:40.000Z","battery":53}
  ]
}
```

直近の期間のバッテリー残量の変化を、グラフでビジュアルに表示したい場合は、たとえば以下のような表示用のhtmlファイルを作成することで可能です。

1．JavaScriptからAjaxを用いてデバイスキーとともにWebサービス（RESTful API）を呼び出し、バッテリー残量の記録を取得。
2．取得したバッテリー残量のデータを加工して、Chart.jsのフォーマットへ変換する
3．Chat.jsを呼び出してグラフを描画する。

実装例のサンプルの表示用のhtmlファイル一式リスト4.3をサポートサイトに置いてあります。ダウンロードして任意のフォルダに格納してください。

第4章　バッテリー記録アプリを、Azureサーバー上に公開する　｜　69

リスト 4.3: バッテリー残量をグラフ表示するサンプルファイルリスト

```
brw_jq\*
brw_lib\*
css\*
index.html
package.json
src\*
test\*
```

　上記の html ファイルをブラウザで開くと、最初に「データの取得先の Azure」に関する情報を入力するパネルが表示される実装にしてありますので、入力してください[12]。入力後に「更新」ボタンを押すと図 4.7 ようなグラフ表示でバッテリー残量の変化を参照することができます。この html ファイルを任意の Web サーバーに配置することで、スマートフォンなどの任意のブラウザからビジュアルに容易に参照することも可能となります[13]。

図 4.7: バッテリー残量のグラフ表示の例

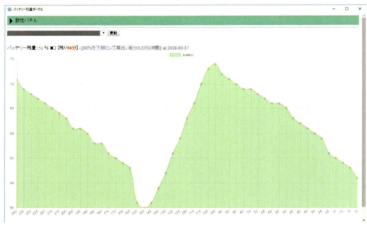

　以上をもって、「バッテリー残量を記録する Web サービスを公開 + 任意の端末から記録と参照」を行うことが出来ました。

---

12. Cookie が有効な環境であれば、2 回目以降の入力は省略できる実装となっています。
13. 任意のレンタルサーバースペースに置いてください。もしくは、Azure の WebApp 側に静的 html ファイルを公開する機能を追加して、そちらに配置することも可能です。

第5章　起床と就寝を記録するWebブラウザアプリを公開

　本章では、「起床時と就寝時にボタンを押すことで、睡眠サイクルを記録するアプリケーション（以降、「アプリ」と略記）」を作成して公開することを目指します。アプリはスマートフォン（以降、「スマホ」と略記）から使うことを目的とします。同時に、そのままでWindowsパソコンや他の環境でも動作するように考慮して作成します。第4章「バッテリー記録アプリを、Azureサーバー上に公開する」でのサンプルプログラムとは異なり、本章ではアカウント管理機能も実装して「ユーザー登録」をブラウザ上から行えるようにします。ユーザー数を監理することで、トラフィックやデータサイズを枠内に収めることができます。これで、作成したWebブラウザアプリケーションを不特定多数に公開することができます。

　なお、記録はユーザーが明示的にボタンを押すことで行うものとし、何らかのセンサーから自動を取得する方法については次の機会とします。本章のアプリ作成例では、データの反映を容易にするため、Vue.jsを採用します。

5.1　起床と就寝のログを記録するアプリを設計

　図5.1のようなアプリを公開することを考えます。このアプリの機能は以下です。
・「起床」と「就寝」のボタンを押したら時刻を記録
・過去の起床時間と就寝時間をグラフで表示

この機能を実現するには以下の項目が必要となります。
１．時刻と動作を、紐付けて保存する機能
２．保存した動作と時刻のペアを読みだす機能
３．ユーザーがボタンを押したら、「保存」を行う機能
４．ユーザーがボタンを押したら、「保存されたデータを表示」を行う機能

　また、記録したデータは、記録したスマホに限らず任意の端末からアクセスできると便利です。この場合、追加で以下の構成とする必要があります。
・データをスマホ（クライアント側の端末）ではなく、サーバーに保管
・データをスマホからサーバーへ入出力
・サーバーに保管されたデータへのアクセスを、ユーザーごとに区別

図5.1: クライアント側のUIの図

5.2 データベースの設計とSQLiteデータベースという選択

本書で作成するアプリは以下のような設計とします（図5.2）。
・サーバー側で、動作と時刻を紐付けてSQLデータベースに記録する
・クライアントとサーバー間の入出力は、RESTful APIを用いる
・クライアント端末では、Webブラウザ（Chrome）ベースでUIを提供する

図5.2: クライアント側、サーバー側、の機能分担の図

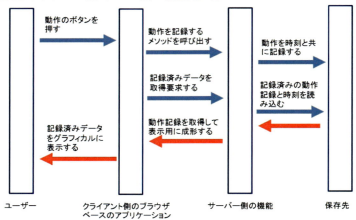

データベースに記録したいデータは「時刻」と「動作」です。また、そのユーザーごとにデータを区別する必要がありますので、「ユーザーを識別するデータ」も必要です。これらの要求満たすために、以下のようなテーブルを作成することとします。

- [id]

    個々のデータの識別用

    （int型、主キー、自動カウントアップ、Null禁止）
- [created_at]

    時刻の記録用

    （日付型、NULL禁止）
- [type]

    動作の種別の記録用

    （int型、NULL許容）
- [owners_hash]

    ユーザー識別データ用

    （文字列型64文字固定長。NULL禁止）

保存場所を考えると、無限にデータを保存できるわけではありません。利用ユーザーごとに保存できるデータの上限を指定するための管理テーブルを、次のように作成します。

- [id]

    個々のデータの識別用

    （int型、主キー、自動カウントアップ、NULL禁止）
- [owners_hash]

    ユーザー識別データ用その1

    （文字列型64文字固定長。NULL禁止。重複を禁止）
- [password]

    ユーザー識別データ用その2

    （文字列型64文字固定長。NULL禁止）
- [max_entrys]

    ユーザーごとの記録数上限の設定用

    （int型、NULL許容）

クライアント側から記録や参照要求があった場合には、管理テーブルで「登録済みのユーザーか？」「記録数は上限に達していないか？」を検証します。そのうえで記録用データベースへのWrite/Readを実施するようにします。「ユーザー数」を管理するので、ユーザー登録を行う機能も必要です。以上から、サーバー側で必要な機能は以下となります。

- 記録したデータ（時刻と動作のペア）を、登録ユーザーの単位で読み出して返却する
- 登録ユーザーの単位で、時刻と動作をペアとしたデータを受け取って、記録する
- 管理用テーブルに、新規でユーザーを登録する

データベースに必要な容量を検討します。たとえば、1動作の記録データが200Byte程度だとします（ざっくり200文字程度の情報量）。起床と就寝時刻の2パターンであれば、1日に2回だけですが、余裕をもって4回だとします。半年くらいは記録を保持したいですから、200×4×

$30 \times 6 = 144000$Byte ＝ 144KB ／人くらいのデータ保存が必要です。これを1000人に利用いただく、と仮定します。この場合、データベースの保存容量として144MBほど必要となります[1]。

Azure SQL Serverの無料プランを利用する場合、その上限は32MB[2]なので今回の用途には足りません。Basicプラン（575円／月～）へスケールアップすることで上限は2GBになりますので、スケールアップするという選択肢もあります。

しかし、最初はあえて「無料」で行うことを考えましょう。Azure Web Appのストレージは、無料プランでも1GBほど使うことができます。であれば、ただのバイナリデータであるSQLiteデータベースはどうでしょうか？アプリのサーバー側の実装ソースコードは数十MB程度です。これであれば、144MB程度のデータ保存は問題ありません。

以上から、本章で作成するアプリケーションでは、データベースとしてSQLiteデータベースを採用します。なお、サーバー側の実装の際には、「データベースのI/Oモジュールを変更すれば、Azure SQL Server 利用にも変更できる」ように意識して行います。

5.3　サーバー側：SQLiteデータベースへのアクセスを覚える

先ずは、SQLiteデータベースの準備とアクセス方法を試行します。SQLiteは、軽量な「SQLでRead/Writeが可能な関係データベース管理システム（＝RDBMS）」です。一般的なRDBMSに対する大きな特徴は、データベース本体（以降、これを「SQLiteデータベース」と呼称します）が単なるバイナリファイルであることです。従って、他のデータベース例えばMS SQL ServerやMy SQLのように「RDBMSをセットアップする」という操作は不要です。利用環境毎のライブラリを導入することで、作成したSQLiteデータベースへのSQLコマンドを用いたデータのWrite/Readができるようになります。コマンドライン向けにはsql-toolsが、Node.js向けにはsqlite3 が一般的に利用されます。

5.3.1　コマンドラインからSQLiteデータベースを操作する

コマンドラインからSQLiteデータベースを操作してみます。SQLite公式サイト[3]から「command-line tools for managing SQLite database files」[4]をダウンロードします。展開すると次の3つのファイルが現れますので、データベース本体を置きたいフォルダに、このファイル三つを配置します。SQLiteデータベースを使うための準備はこれだけです[5]。SQLiteデータベースファイルの実態であるバイナリファイルは、初回のデータベース操作時に自動的に生成されます。

・sqlite3.exe

---

1. 概算なので、MByte / MiByte の差は無視しています。
2. 現時点では仕様が変わってり、上限サイズが増加しているようです。 https://azure.microsoft.com/ja-jp/free/free-account-faq/
3. http://www.sqlite.org/
4. 公式サイトの「Download > Precompiled Binaries for Windows」から取得できます。2017/10/03 時点でのファイル名は「sqlite-tools-win32-x86-3200100.zip」になります。
5. 実際に本書で使うのは、sqlite3.exe だけです。

- sqldiff.exe

- sqlite3_analyzer.exe

では、さっそく使ってみましょう。コマンドラインから、上記の3つのファイルを格納した
フォルダ配下に移動します。次のように、ファイル名「mydb.sqlite3」を指定してツールを起
動します。ここで、ファイル名は新規作成するファイルの名前であり、このファイル名がその
ままデータベース名となります。

```
sqlite3.exe  mydb.sqlite3
```

SQLiteコマンドラインツールが、SQLコマンド受付待ちになっています。「5.2 データベース
の設計とSQLiteデータベースという選択」で設計したテーブル2つを作成します。以下のよう
にして、先ずはアクセス管理用のテーブルを作成するためのSQLコマンドを実行します。本コ
マンドラインツールでは、「;」を打つまでは「一行のSQLコマンド」として扱われますので見
やすいように改行しながら入力することが可能です。「1行分の最後」を表す**最後のセミコロン
「;」を、忘れないように**してください。SQLコマンド入力待ちを終えるには、「.exit;」を入力し
ます。

```
CREATE TABLE owners_permission(
  [id] [integer] PRIMARY KEY AUTOINCREMENT NOT NULL,
  [owners_hash] [char](64) NOT NULL,
  [password] [char](64) NULL,
  [max_entrys] [int] NOT NULL,
  UNIQUE ([owners_hash]) );
.exit;
```

上記を実行すると、データベースの実体ファイル ./db/mydb.splite3 が新規に生成されます。
同様に、ログ保存用のテーブルを作成するには、次のSQLコマンドを実行します[6]。

SQLコマンド受付待ちからコマンドラインに戻るには「.exit;」を打ちますが、これも記載を
省略します。もちろん、SQLコマンド待ちの状態で、SQLコマンドを連続して入力することも
可能です。

```
CREATE TABLE activitylogs(
  [id] [integer] PRIMARY KEY AUTOINCREMENT NOT NULL,
  [created_at] [datetime] NOT NULL,
  [type] [int] NULL,
  [owners_hash] [char](64) NULL );
```

6.以降、コマンドライン上でのSQLコマンドの実行前には「sqlite3.exe mydb.sqlite3」を実行して、SQLコマンドの受付待ちに入る記述は省略します。

第5章　起床と就寝を記録するWebブラウザアプリを公開 | 75

```
.exit;
```

以上の操作で、「5.2 データベースの設計と SQLite データベースという選択」で設計したテーブル 2 つが、データベースに作成されました。

作成したテーブルに対して、コマンドライン上からデータを追加してみます。

```
INSERT INTO activitylogs([created_at], [type], [owners_hash] )
VALUES('2017/10/22', 111, 'nyan1nyan2nyan3nayn4nayn5nyan6ny');
```

追加したのち、データベースの状態を見てみます。「SELECT * FROM activitylogs」[7]コマンドを入力することで以下のようにデータベースの中身を見ることができます。

```
T:\>sqlite3.exe mydb.sqlite3
sqlite> SELECT * FROM activitylogs;
1|2017/10/22|111|nyan1nyan2nyan3nayn4nayn5nyan6ny
sqlite> .exit
```

このとき、SQLite データベースのファイル「mydb.sqlite3」には、図 5.3 の様なテーブル構造でデータが入っている状態です。なお、SQLite データベースをグラフィカルに参照するためのツールも存在します。グラフィカルに参照する方法については、付録を参照してください。

図 5.3: Excel で模した SQLite データベースの中身

◆管理用テーブル◆

	カラム名		
id	owners_hash	password	max_entrys
（未だデータなし）			

◆管理用テーブル◆

	カラム名		
id	created_at	type	owners_hash
1	2017/10/22	111	nyan1nyan2…

5.3.2　Node.js 上から SQLite データベースを操作する

先ほど実行したコマンドラインからのデータベースへの Write/Read 処理を Node.js 上から行います。本節で利用するサンプルコードリスト 5.1 はサポートサイトで公開しております。本節

---

7. このコマンドは「activitiylogs のデータをすべて選択して取得」の SQL コマンドになります。

のサンプルコード[8]をダウンロードし、任意のフォルダに格納してください。

リスト5.1: SQLite での初回動作確認用サンプルのファイルリスト

```
db
package.json
src/factory4require.js
   /sql_lite_db.js
test/sql_lite_db_actual_test1.js
    /sql_lite_db_actual_test2.js
```

　前章までで行ったサンプルコード内のpackage.jsonで定義してある「動作に必要なモジュール」の取得を、本章でも行います。次のコマンドラインを実行して、取得を行ってください。node_modulesフォルダが作成されて、その配下に格納されます。

```
npm install
```

　ここでインストールされるモジュールは次にものになります（個別にインストールする場合のコマンドを記載しています）。sqlite3 以外はテストフレームワークのモジュールです。「npm test」のコマンドに対してテストフレームワーク「mocha」が実行されるように設定してあります。

```
npm install sqlite3
npm install mocha chai sinon
```

　サンプルコードは、テストコードも作成済みですので、テストフレームワークを用いて、期待した環境構築ができたかを確認します。前章と同様に、次のようにして自動テストを実行してください。

```
npm test
```

　Node.jsからのSQLite データベースへのアクセス方法は、SQLite の公式のサンプルコードが大変わかりやすいので、[9][10]一読をお勧めします。
　本章のサンプルでは、SQLite データベースへのデータ書き込みと読み込みの例を、src\api\sql_lite_db.jsにて、次のように実装しています。

---

8. サンプルコードで利用している、Factory / Factory4Require 関数の定義が factory4require.js にあります。これは、テストドライバーからの呼び出し時に、スタブへのフックをし易くすることを目的としています。
9. SQLite データベースへの接続コマンドは connect() です。http://www.sqlitetutorial.net/sqlite-nodejs/connect/
10. SQL コマンドの発行は all() を使います。http://www.sqlitetutorial.net/sqlite-nodejs/query/

・読み込み

    createPromiseForSqlConnection() - データベースに接続する

    getListOfActivityLogWhereDeviceKey() - 読み込む

    closeConnection() - データベースを閉じる

・書き込み

    createPromiseForSqlConnection() - データベースに接続する

    addActivityLog2Database() - 書き込む

    closeConnection() - データベースを閉じる

前章までは、RESTful APIでの呼び出しまで実装後にRESTful APIを呼び出すことでNode.jsからSQLデータベースへのアクセス動作を確認して来ました。本章では、RESTful APIの実装とNode.jsからSQLデータベースへのアクセス部分の実装を分けることを目的に、動作確認はNode.js内のアクセス部分を直に呼び出すことで行います。

動作確認の前に、コマンドライン上からSQLiteのテーブルを作成し、読み取り用のデータをInsertしておきます。先の節で作成したデータベースのファイルをそのままコピーして「 ./db/mydb.sqlite3 」に配置しても構いません。コマンドライン向けのSQLiteツールで、「SELECT * FROM activitylogs」を実行して「1|2017/10/22|111|nyan1nyan2nyan3nayn4nayn5nyan6ny」が表示されることを確認してから、先に進んでください。具体的には次のようなコマンドライン実行と、実行結果になります。

```
sqlite3.exe  mydb.sqlite3
sqlite> SELECT * FROM activitylogs;
1|2017/10/22|111|nyan1nyan2nyan3nayn4nayn5nyan6ny
sqlite> .exit
```

SQLデータベースからデータの読み込み動作確認から行います。目的の関数は、読み込み用のgetListOfActivityLogWhereDeviceKey() です。テストフレームワークMochaを用いて、テストドライバーを作成し、動作確認を行う関数をピンポイントで実行します。サンプルプログラムにはテストドライバー[11]をリスト5.2のように作成済みですので、次のコマンドをコマンドラインから実行することで、Node.jsのテストフレームから目的の関数getListOfActivityLogWhereDeviceKey()のみを実行することができます。

```
npm  test  test\sql_lite_db_actual_test1.js
```

11.通常は、テストドライバーが実際のデータに影響を与えず且つ依存しないようにIOのスタブ化、今回であればデータベースのスタブ化を行います。しかし今回は実動作確認が目的なので、データベースのスタブ化はしていません。テストドライバーを実行すると実際のSQLデータベースにアクセスを行います。動作確認を終えたら、SQLiteアクセス部分をスタブに置き換えることで、テストドライバー本来の用途（継続的インテグレーション）のテストコードになります。

78 | 第5章　起床と就寝を記録するWebブラウザアプリを公開

図5.4のように、テーブルから取得した内容がコンソールに出力されます。

リスト5.2: テストフレームワーク越しに実際のSQLiteデータベースからReadする例

```
/*
    [sql_lite_db_actual_test1.js]
*/

var shouldFulfilled = require("promise-test-helper").shouldFulfilled;
var shouldRejected  = require("promise-test-helper").shouldRejected;
require('date-utils');

const sql_parts = require("../src/sql_lite_db.js");


describe( "sql_lite_db_actual_test.js", function(){
    var createPromiseForSqlConnection
        = sql_parts.createPromiseForSqlConnection;
    var closeConnection = sql_parts.closeConnection;
    var addActivityLog2Database = sql_parts.addActivityLog2Database;
    var getListOfActivityLogWhereDeviceKey
        = sql_parts.getListOfActivityLogWhereDeviceKey;

    describe("::SQLite トライアル", function(){
        it("シークエンス調査", function(){
            var sqlConfig = { "database" : "./db/mydb.sqlite3" };
            // npm test 実行フォルダ、からの相対パス
            var promise;

            this.timeout(5000);

            promise = createPromiseForSqlConnection( sqlConfig );
            promise = promise.then( function(result){
                return getListOfActivityLogWhereDeviceKey(
                    sqlConfig.database,
                    "nyan1nyan2nyan3nayn4nayn5nyan6ny",
                    null
                );
            });

            return shouldFulfilled(
                promise
            ).then(function( result ){
```

第5章　起床と就寝を記録するWebブラウザアプリを公開 | 79

```
                console.log( result );
                closeConnection( sqlConfig.database );
            });
        });
    });
});
```

図 5.4: テストフレームワークから SQLite を実際に Read

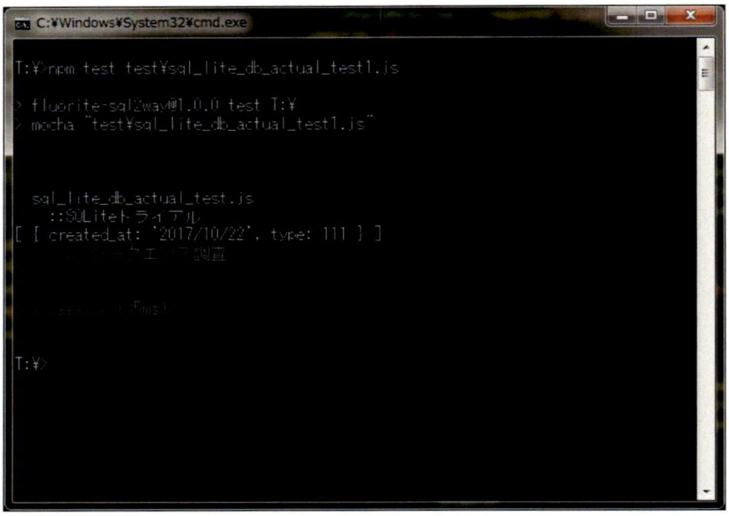

図 5.5: 実際に SQLite へ Write した後に Read した結果

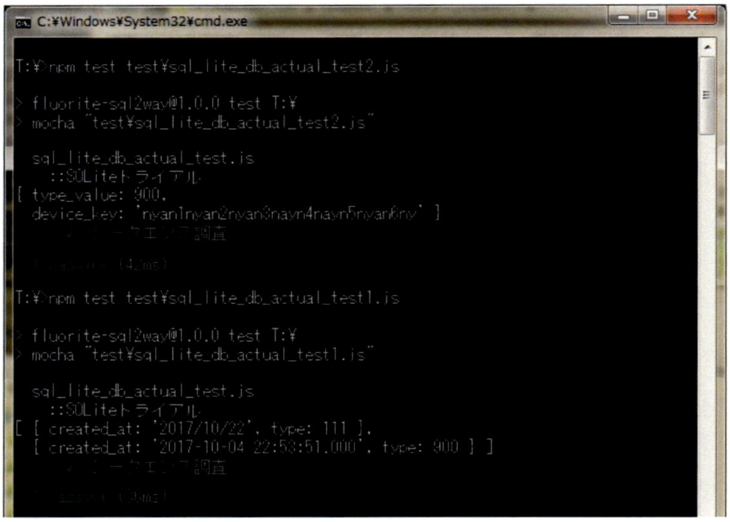

続いて、データベースへの書き込みの確認を行います。書き込み動作の確認を個なうテスト
ドライバーのコードはリスト5.3です。先ほどのgetListOfActivityLogWhereDeviceKey()代わ
りに、addActivityLog2Database()を実行して、実際にSQLiteデータベースに書き込みを行い
ます。次のコマンドを実行して、「書き込み→読み込み」を行います（読み込みは、先ほどの読
み込み用テストドライバーです）。すると図5.5のように、テーブルへのデータ追加結果と、そ
の状態のテーブルから取得した内容がコンソールに出力されます[12]。

```
npm  test test\sql_lite_db_actual_test2.js
npm  test test\sql_lite_db_actual_test1.js
```

リスト5.3: テストフレームワーク越しに実際のSQLiteデータベースからWriteする例

```
// sql_lite_db_actual_test2.js から、一部抜粋。
promise = promise.then( function(result){
    return addActivityLog2Database(
        sqlConfig.database,
        "nyan1nyan2nyan3nayn4nayn5nyan6ny",
        900
    );
});
```

テストの実行毎に、テーブルの内容が追記されていく様子を確認できました。この状態で、
SQLiteコマンドラインツールを用いてデータベースの内容を出力し、次のようにデータが追加
されていることを確認してください。

```
sqlite3.exe  mydb.sqlite3
sqlite> SELECT * FROM activitylogs;
1|2017/10/22|111|nyan1nyan2nyan3nayn4nayn5nyan6ny
2|2017-10-04 22:53:51.000|900|nyan1nyan2nyan3nayn4nayn5nyan6ny
sqlite> .exit
```

5.4 簡単なユーザー登録と認証を作成して、SQLへのアクセスI/Fを組み上げる

前節までで、「書き込み」と「読み込み」を実装方法を確認しました。これにユーザー登録と、
ユーザー毎の認証機能を追加します。本章のサンプルプログラムでは、簡単にするため次のよ
うな「ユーザー登録」と「ユーザーごとの認証」を行うこととします[13]。

12.追加されたデータの日付は、実際に実行した時刻の物になります
13.本章では簡単にするためこのような実装にしていますが、一般的なユーザー情報の管理にはRedisやPassportなどのモジュールを用いた実装が多いです。

第5章　起床と就寝を記録するWebブラウザアプリを公開 | 81

- ユーザーはメールアドレスで識別する。
- 登録は「同一のメールアドレスではない」ことだけを条件として受け付ける。
- ユーザーの識別に、メールアドレスと認証用キーワードを組みとしてSQLデータベースに保持する。
- ユーザー数は上限を設けておき、上限に達したら登録受付を中止する。
- 起床と就寝のデータ参照、書き込み時には「メールアドレスと紐づいた認証用パスワード」をもってユーザーを認証する。

本章のサンプルでは、これを src\api\sql_lite_db.js にて、次のように実装しています。
- ユーザー管理
    addNewUser() - 管理用テーブルにユーザーを登録する
    getNumberOfUsers() - 登録済みのユーザー数を取得する
    deleteExistUser() - 管理用テーブルから登録済みのユーザーを削除する
- ユーザー認証
    isOwnerValid() - 登録済みのユーザーか否か、を判別する

以上のユーザー管理と前節の「5.3.2 Node.js上からSQLiteデータベースを操作する」データのI/Oを組み合わせて、本章のサンプルでサーバー側で提供する機能（「5.2 データベースの設計とSQLiteデータベースという選択」でリストアップしたもの）を作ります。具体的には次のようになります[14]。
- api_vi_activitylog_signup() - ユーザー登録
    createPromiseForSqlConnection() - データベースに接続
    getNumberOfUsers() - ユーザー数の上限に達していないことを検証
    addNewUser() - 新規ユーザーとして管理用データベースにユーザーを登録
    closeConnection() - データベースを閉じる
- api_v1_activitylog_show() - ユーザー毎のライフログデータを取得
    createPromiseForSqlConnection() - データベースに接続
    isOwnerValid() - 登録済みのユーザーであることを検証
    getListOfActivityLogWhereDeviceKey() - ライフログデータを読み込む
    closeConnection() - データベースを閉じる
- api_v1_activitylog_add() - ユーザー毎のライフログデータを記録
    createPromiseForSqlConnection() - データベースに接続
    isOwnerValid() - 登録済みのユーザーであることを検証
    addActivityLog2Database() - ライフログデータを書き込む

14.実際は、「上限ユーザー数を超えている場合にはエラーを返す」などの異常系の実装も必要ですが、本章の説明中では簡単にするため省きます。

closeConnection() - データベースを閉じる

・api_v1_activitylog_delete() - ユーザー毎のライフログデータを削除

createPromiseForSqlConnection() - データベースに接続

isOwnerValid() - 登録済みのユーザーであることを検証

deleteActivityLogWhereDeviceKey() - ライフログデータを削除

closeConnection() - データベースを閉じる

・api_vi_activitylog_remove() - 登録済みのユーザーを削除

createPromiseForSqlConnection() - データベースに接続

isOwnerValid() - 登録済みのユーザーであることを検証

deleteActivityLogWhereDeviceKey() - ライフログデータを全て削除

deleteExistUser() - 管理用データベースからユーザーを削除

closeConnection() - データベースを閉じる

Azureにて本サンプルコードを動作させる場合を考慮して、追加で「RESTful API越しにSQLiteデータベースにテーブルをセットアップ」する機能を、次のように実装しておきます。これらを実装したサンプルコード一式（リスト5.8）はサポートサイトから取得可能です。本節では「例えばこんな風に実装する」という概要が分かれば良いので、サンプルコードの詳細の説明は省きます。本節のサンプルコードは、この後の節で「Azure上で動作させる」際に利用します。

・api_vi_activitylog_setup() - SQLiteデータベースにテーブルをセットアップ

createPromiseForSqlConnection() - データベースに接続

setupTable1st() - テーブルを構築

closeConnection() - データベースを閉じる

リスト5.8: ライフログのデータベースアクセス実装サンプルのファイルリスト

```
db/*
package.json
server.js
src/api/activitylog/api_method.js
                   /api_param.js
                   /api_v1_base.js
                   /index.js
                   /initialize.js
                   /user_manager.js
          /sql_db_io/index.js
                    /shaping_param4db.js
                    /sql_lite_db_crud.js
          /debugger.js
```

```
            /factory4require.js
            /sql_config.js
 test/activitylog/api_method_test.js
              /api_v1_base_test.js
              /initialize_test.js
              /user_manager_test.js
        /sql_db_io/shaping_param4db_test.js
              /sql_lite_db_crud_test.js
              /sql_lite_db_test_actual.js
        /support_stubhooker.js
```

5.5 Expressフレームワークで簡単に実装

前節までで、Node.js上からSQLiteデータベースへのアクセス方法を確立しました。本節では、「Node.jsを用いてHttpサーバーを立ち上げ、RESTful APIを用いてHttpサーバー越しにNode.jsを介してSQLiteデータベースへWrite/Readする」方法を見ていきます。

第1章「スクレイピングアプリをローカルで作る」や第3章「バッテリーを記録して、マルチデバイスから参照できるアプリを作る」では、RESTful APIを実装したHTTPサーバーをゼロから構築しました。本章では構築をより容易にするために、HTTPサーバーとして汎用的に利用されるモジュールである「Expressフレームワーク」を用いる方法を見ていきます。

Expressフレームワークとは「Web アプリケーションとモバイル・アプリケーション向けの一連の堅固な機能を提供する最小限で柔軟な Node.js Web アプリケーション・フレームワーク」[15]です。Expressフレームワークで出来ることは様々ありますが、本章では「RESTful APIを実装する」という観点で利用します。ファイルとフォルダの配置は、Azureでの公開を意識した形式にします。

本節は「Expressフレームワークをゼロから導入して利用する場合の手順」の説明となります。最終的にAzureに公開する際には、本節で導入したExpressフレームワークに、先の節「5.4 簡単なユーザー登録と認証を作成して、SQLへのアクセスI/Fを組み上げる」で作成した、SQLiteデータベースへのI/O機能を組み合わせます。組み合わせ済みのサンプルコードを、サポートサイトから取得可能ですので、先ずは最終形を動かしてみたい、と言う場合は本節を飛ばして「5.6 Azure Web Appへ配置と設定の仕方」へ進んでください。

本章での、Expressフレームワークを使うための手順は以下になります。

1．expressフレームワークをグローバルインストールする
2．express-generatorをグローバルインストールする
3．express-generatorを用いてExpressフレームワークのスケルトンを作成する

15.公式サイト http://expressjs.com/ja/ からの引用です。

4．スケルトンを src フォルダ配下に移動し、api フォルダを追加する

5．src/api フォルダ配下に、目的の RESTful API を実装する。

「express フレームワーク」をグローバルでインストールするのは、フォルダの場所を選ばずに Express コマンドを容易に利用するためです。本書の目的の場合、初回のスケルトン作成の環境でのみ利用できればよいので、package.json に記録する必要はありません。

「express-generator」は Express フレームワークのスケルトンを容易に生成するツールです。コマンド発行の利便性からグローバルでインストールします。これも初回のスケルトン作成だけが目的ですので、package.json への記録は同様に不要です。

では実際に構築していきます。次のコマンドで、Express フレームワークをインストールします。

```
npm install -g express
```

次のコマンドで、express-generator をインストールします。

```
npm install -g express-generator
```

次を入力してバージョンが表示されれば、正常インストールされています。

```
express --version
```

表示されない場合は、パスが未反映の場合があり得ますので、OS を一度再起動してから再試行してください。当方の環境では「4.15.0」と表示されます。

グローバルインストール状態の確認方法

グローバルインストール「-g」でのインストール先を確認したいときは次のコマンドを実行します。インストール先のフォルダパスが表示されます。

```
npm list -g
```

Express フレームワークでの実装用に、前節までの SQLite データベースへの Node.js からのアクセス実装を行ったフォルダとは別に、新規にフォルダを作成します。作成したフォルダ配下へ移動します。

以下のコマンドで Express フレームワークのスケルトン[16]を生成します。この時のパラメー

16.標準的な構成一式、とても見なしてください。

第5章　起床と就寝を記録する Web ブラウザアプリを公開 | 85

タ「myapp」が生成先のフォルダ名となりますが、これは一時置き場として利用するので、任意の名称で構いません。

```
express myapp
```

myappフォルダ配下に、次のファイルとフォルダが生成されます。

```
app.js
bin\*
package.json
public\*
routes\*
views\*
```

myappフォルダ配下において、Expressフレームワークの準備が出来ましたので、動作を確認します（2回目以降では、このmyappフォルダ配下での動作確認は不要です）。myappフォルダへ移動して、以下のコマンドを実行します。

```
npm install
```

これでExpressフレームワークの実際の動作で必要なモジュールが、myapp フォルダ配下にインストールされます。以下のコマンドを打つと、Httpサーバーがローカルで立ち上がります。

```
npm start
```

ブラウザから「http://localhost:3000/」のURLへ移動して以下が表示されれば成功です。

```
Express
Welcome to Express
```

ブラウザのURL欄に「http://localhost:3000/users」を打ち込んでEnterを押すと、「respond with a resource」が表示されます。これがRESTful APIでの応答になります。ローカルのHTTPサーバーを停止するには「Ctrl+C」を押します。ここまでで、myappフォルダ配下での確認作業は終了です（2回目からは不要です）。

続いて、myappフォルダの上位フォルダへ戻り、myappフォルダと同じ位置にsrcフォルダとtestフォルダを作成します。myapp\bin\フォルダ配下にある、wwwファイル[17]をコピーして、

17.フォルダの様な名称ですがファイルです。実態はテキストファイルで、javascriptのコードになります。

86 | 第5章 起床と就寝を記録するWebブラウザアプリを公開

srcフォルダと同じ位置に置きます。コピーしたwwwをserver.jsへリネームします[18]。コマンド「npm init」を実行してpackage.jsonファイルを新規生成します。入力項目「test command:」には「mocha」と入れておきます（後でpackage.jsonファイルを直に編集します）。入力項目「license: 」は希望するライセンス形態を入れます。以上を終えると、次のようなファイルとフォルダ構造になります[19]。

```
myapp\*
src\*
test\*
server.js
package.json
server.js
```

　package.jsonファイルの生成を完了したら、以下のコマンドでテストフレームワークを開発向けに（ローカル）インストールします[20]。

```
npm install mocha chai sinon promise-test-helper   --save-dev
```

　直下の package.json と、myapp\package.json とを開きます。myapp\package.json の中の以下の記述を、先ほど新規作成した直下のpackage.jsonへコピーします[21]。

```
"dependencies": {
  "body-parser": "~1.17.1",
  "cookie-parser": "~1.4.3",
  "debug": "~2.6.3",
  "express": "~4.15.2",
  "jade": "~1.11.0",
  "morgan": "~1.8.1",
  "serve-favicon": "~2.4.2"
}
```

　例えば、devDependancies プロパティの後に配置するなら、以下のようになります。devDependancies が最終プロパティだった場合は、「,」を忘れないようにしてください。

18.[*18] 以下のページも参考にしてください。「Azure Cloud Services での Express を使用した Node.js Web アプリケーションの構築」https://docs.microsoft.com/ja-jp/azure/cloud-services/cloud-services-nodejs-develop-deploy-express-app

19.[*19] 本節の操作を実施済みファイルフォルダ構成は、サポートサイトから取得可能です。本節に対応するサンプルコードをダウンロードして任意のフォルダに配置したのちに、「npm install」してください。その場合は、Express フレームワーク、express-generator のグローバルインストールは不要です。

20.この操作で、package.json に devDependancies プロパティが挿入されます。

21.記載のバージョンは、執筆時点のものです。

```
"devDependencies": {
  "chai": "^4.1.2",
  "mocha": "^3.5.3",
  "promise-test-helper": "^0.2.1",
  "sinon": "^3.3.0"
},
"dependencies": {
  "body-parser": "~1.17.1",
  "cookie-parser": "~1.4.3",
  "debug": "~2.6.3",
  "express": "~4.15.2",
  "jade": "~1.11.0",
  "morgan": "~1.8.1",
  "serve-favicon": "~2.4.2"
}
```

myappフォルダ配下から、以下のファイルとフォルダ**のみ**を、srcフォルダ配下へ移動します。

```
app.js
bin\*
public\*
routes\*
views\*
```

移動したら、myppフォルダは削除してしまって構いません。また、express と express-generator も以下のコマンドでアンインストールしてしまって構いません。

```
npm uninstall -g express-generator
npm uninstall -g express
```

srcフォルダ配下にapiフォルダを作成します。次のファイルとフォルダ構成となります。

```
node_modules\*
package.json
server.js
src\*
    \app.js
    \api\*
    \bin\*
    \public\*
    \routes\*
```

88 | 第5章 起床と就寝を記録するWebブラウザアプリを公開

```
    \views\*
test\
```

ファイル server.js を開いて次の部分を編集します。

```
var app = require('../app');
// ↓
var app = require('./src/app');
```

package.json を開いて、次の部分を編集します。

```
"test": "mocha",
// ↓
"test": "node_modules\\.bin\\mocha",
```

もし、start プロパティの値が異なっている場合は、以下のように編集します。

```
"start": "node server.js"
```

　以上の操作を終えたら、あらためて直下（src フォルダの上）で「npm install」を行います。その後にコマンドラインから「npm start」を実行すると、Http サーバーがローカルで立ち上がります。先ほどと同様にブラウザから「http://localhost:3000/」の URL へ移動し、以下が表示されれば成功です。

```
Express
Welcome to Express
```

　ブラウザの URL 欄に「http://localhost:3000/users」を打ち込んで Enter を押すと、「respond with a resource」が表示されます。これが RESTful API での応答になります[22]。
　独自の RESTful API を追加するために、src\api.js を開いて、以下の2つの行を追記します。

```
var index = require('./routes/index');
var users = require('./routes/users');
var api_v1 = require('./routes/api_v1'); // ★追加★
// （中略）
app.use('/', index);
app.use('/users', users);
```

---

22. Express フレームワークのスケルトンに含まれるサンプル応答です。

第5章　起床と就寝を記録する Web ブラウザアプリを公開 | 89

```
app.use('/api/v1/hello', api_v1 ); // ★追加★
```

routes フォルダ配下に api_v1.js ファイルを作成します(リスト5.6)。api フォルダ配下に hello.js ファイルを作成します（リスト5.7）。以上の操作を終えたサンプルコード一式はリスト 5.5になります（サポートサイトで取得可能です）。「npm start」でhttpサーバーをローカルで 起動します。次をブラウザのURL欄に打ち込んでEnterを押します。「hello world, azure!」が 表示されれば、成功です。

```
http://localhost:3000/api/v1/hello?name=azure
```

リスト5.5:

```
package.json
server.js
src/api/factory4require.js
       /hello.js
   /app.js
   /bin/*
   /public/*
   /routes/api_v1.js
          /index.js
          /users.js
   /views/*
test/hello_test.js
```

リスト5.6: Express フレームワークで API の呼び出しを実装する例

```
/**
 * [api_v1.js]
 */

var express = require('express');
var router = express.Router();

var lib = require("../api/factory4require.js");
var factoryImpl = { // require() を使う代わりに、new Factory() する。
    "hello" : new lib.Factory4Require("../api/hello.js")
};

router.get('/hello', function(req, res, next) {
    var api_v1_hello = factoryImpl.hello.getInstance().world;
    var header_param = {
```

90 │ 第5章 起床と就寝を記録するWebブラウザアプリを公開

```
        "Access-Control-Allow-Origin" : "*",
        // JSONはクロスドメインがデフォルトNG。
        "Pragma" : "no-cacha",
        "Cache-Control" : "no-cache",
        "Content-Type" : "application/json; charset=utf-8"
    };

    return api_v1_hello( req.query, null ).then((result)=>{
        res.header(
            header_param
        );
        res.status(result.status).send( result.jsonData );
        res.end();
    }).catch((err)=>{
        res.header(
            header_param
        );
        res.status(500).send( err );
        res.end();
    });
});
module.exports = router;
```

リスト5.7: APIの機能側をExpressフレームワークに実装する例

```
/**
 * [hello.js]
 */

exports.world = function( queryFromGet, dataFromPost ){
    var name = queryFromGet.name;
    var out_data = {
        "status" : 200,
        "jsonData" : "hello world, " + name + "!"
    };
    var promise = new Promise(function(resolve,reject){
        setTimeout(function() {
            // 非同期の処理を模している。
            resolve( out_data );
        }, 100);
    });
    return promise;
};
```

第5章　起床と就寝を記録するWebブラウザアプリを公開 | 91

5.6 Azure Web Appへ配置と設定の仕方

本節では、「5.4 簡単なユーザー登録と認証を作成して、SQLへのアクセスI/Fを組み上げる」で作成したNode.js上でのSQLiteデータベースへのアクセス機能と、「5.5 Expressフレームワークで簡単に実装」で作成したRESTful APIの機能を組み合わせて、ライフログをWrite/Readする機能を Azure上に構築します。これにより、データをクラウド（Azure）上に配置できるので、どこからでも読み書きができるようになります。

本章のサンプルコードでは「SQLite」を用いているため、第4章「バッテリー記録アプリを、Azureサーバー上に公開する」で行ったような「Azure上に配置したSQLデータベースを、管理ツール（SS Management Studio）からグラフィカルに参照する」ことはできません。ローカル環境とは異なり、「5.3.1 コマンドラインからSQLiteデータベースを操作する」のようにコマンドラインから実行がサポートされていないからです。そのため、RESTful APIを用いてAzure上に配置したNode.jsからWrite/Readを行う必要があります。「5.5 Expressフレームワークで簡単に実装」のExpressフレームワークを利用したRESTful APIの実装を経由して、「5.4 簡単なユーザー登録と認証を作成して、SQLへのアクセスI/Fを組み上げる」で実装したNode.jsからのSQLiteデータベースへのアクセス機能と呼び出すことで「RESTful APIでのSQLiteデータベースへのアクセス」を確認します。

次の流れでAzure上にサンプルコードを配置します。なお、Azureのアカウントと GitHubのアカウントは作成済みであることを前提とします。第2章「Azureの環境を準備して、スクレイピングアプリを公開する」で作成したものを利用してください。
1．GitHubにリモートリポジトリを作成
2．GitHubのローカルリポジトリを作成してファイルを格納
3．Azure Web APP のインスタンス作成
4．Azure Web APP にGitHubのリポジトリを紐付け
5．Azure Web APP の環境変数などを設定して動作確認

これらのうち、「GitHubにリモートリポジトリを作成」から「Azure Web APP にGithubリポジトリを紐付け」までは第2章「Azureの環境を準備して、スクレイピングアプリを公開する」で実施した内容と同じになります。ブラウザでGitHubのトップページにアクセスをして、先の章と同様にして「New repository」ボタンから、新規にリポジトリを作成してください。名称は任意です。続いてローカルリポジトリにCloneして、無視するファイルの設定である「.gitignore」ファイルの編集を同じように行ってください。「5.5 Expressフレームワークで簡単に実装」と「5.4 簡単なユーザー登録と認証を作成して、SQLへのアクセスI/Fを組み上げる」を組み合わせた「RESTful APIでのSQLiteデータベースへのアクセス」を実装したサンプルソースコード一式リスト5.8をサポートサイトからダウンロードしてローカルリポジトリに格納してください。先の章までと同様に、「npm　install」を実行して、ローカル動作検証に必要なモジュール

92 ｜ 第5章 起床と就寝を記録するWebブラウザアプリを公開

を取得してください。続いて「npm　test」で自動テストを実行して、ファイル配置に漏れが無いことを確認ください。以上を確認しましたら、GitHubのリモートリポジトリへPushしてください。

　Azure Web Appのインスタンス作成も第2章「Azureの環境を準備して、スクレイピングアプリを公開する」での操作と同じになります。インスタンス名のみ、別の名称を設定してください。「Web Appの概要」の右側に表示されている「URL」が、設定した名称に応じて、先の章での値とは変わっているはずです。そのURLが本章で公開するRESTful Webサービスの「Azureサーバーのドメイン」になります。Web Appの概要画面から、「デプロイのオプション＞ソースの選択＞GitHub」と進み、本節で作成したGitHubのリポジトリを「プロジェクトの選択」から選択してください。それ以外の項目は、デフォルトのままで「OK」を押します。

　リポジトリ設定を完了すると、「正常にセットアップされました」と表示されます（本章のサンプルでは、Azure SQL Databese を利用していないので、第4章「バッテリー記録アプリを、Azure サーバー上に公開する」で行った「Azure SQL Database」の作成や設定は不要です）。

リスト5.8: ライフログWebアプリのIO実装ファイルリスト

```
db/*
package.json
server.js
src/api/activitylog/api_method.js
                  /api_param.js
                  /api_v1_base.js
                  /index.js
                  /initialize.js
                  /user_manager.js
         /sql_db_io/index.js
                   /shaping_param4db.js
                   /sql_lite_db_crud.js
         /debugger.js
         /factory4require.js
         /sql_config.js
    /app.js
    /public/hello_static.html
    /routes/*
    /views/*
 test/activitylog/api_method_test.js
                 /api_v1_base_test.js
                 /initialize_test.js
                 /user_manager_test.js
     /sql_db_io/shaping_param4db_test.js
               /sql_lite_db_crud_test.js
```

第5章　起床と就寝を記録するWebブラウザアプリを公開 ｜ 93

```
/sql_lite_db_test_actual.js
/support_stubhooker.js
```

「http://Azureアカウントのドメイン.azurewebsites.net/」へアクセスして、Expressフレームワークのデフォルトの Web ページが表示されることを確認してください[23]。「5.5 Expressフレームワークで簡単に実装」のローカルでの確認結果と同様の表示が期待値です。続いて、RESTful API でのアクセスを確認します。「5.5 Express フレームワークで簡単に実装」と同様に、ブラウザのURL欄に「http://AzureのAppドメイン/users」を打ち込んでEnterを押すと、「respond with a resource」が表示されれば、配置は成功しています。

図5.6のように、Azureの環境変数「SQL_DATABASE=./db/mydb.sqlite3」と「CREATE_KEY=マスターパスワード」を設定します。SQLiteデータベースのファイルパスとパスワードです。テーブル作成用のパスワードは、分かりにくいものにしてください。

図5.6: Azureの環境変数を設定

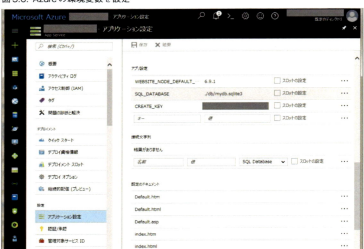

curlコマンドを用いてRESTful APIを実行し、RESTful API越しにAzure上にあるSQLiteデータベースへテーブルを作成します（※2行に見えますが、curlは1行で実行します）。

```
curl "http://AzureのAppドメイン/api/v1/activitylog/setup1st"
--data "create_key=Azure環境変数に設定したパスワード" -X POST
```

ユーザーの初回登録の部分を、RESTful越しに実行してみます。

```
curl "http://AzureのAppドメイン/api/v1/activitylog/signup"
```

---

23. 動作準備の完了までに数分かかることがあります。上手く表示されない場合は、数分後に再度アクセスしてください。

```
--data "username=nyan1nyan2nyan3nayn4nayn5nyan6ny" -X POST
```

登録が無事に済みましたら、「書き込み」を実行します。

```
curl "http://AzureのAppドメイン/api/v1/activitylog/add"
--data
"device_key=nyan1nyan2nyan3nayn4nayn5nyan6ny&type_value=111"
```

続いて「読み込み」を実行します。

```
curl "AzureのAppドメイン/api/v1/activitylog/show?
device_key=nyan1nyan2nyan3nayn4nayn5nyan6ny"
```

先に「書き込み」したデータが表示されることを確認してください。以上で、サーバー側の実装は完了です。次の節では、アプリのクライアント側のブラウザベースの部分を作成していきます。

5.7　Vue.jsフレームワークでクライアント側のUIを作成

本節では、ブラウザで表示するクライアント側を作成します。「5.1 起床と就寝のログを記録するアプリを設計」の図5.1で示したWebアプリのGUIを作っていきます。作成するアプリケーションと、前章までに作成したサーバー側との動作の流れは「5.1 起床と就寝のログを記録するアプリを設計」「アプリを設計する」で図5.2に載せたとおりです。

アプリケーション側の、ユーザーの操作に対する実装をもう少し詳しく設計します。本書では図5.7のようにします。図5.7から、以下の3つの実装が必要なことが分かります。これらを順に実装していきます。

・ユーザーからの動作を受け取るモジュール
・動作に応じた画面表示を行うモジュール
・動作に応じた、データ処理を行うモジュール

図 5.7: アプリのクライアント側の設計

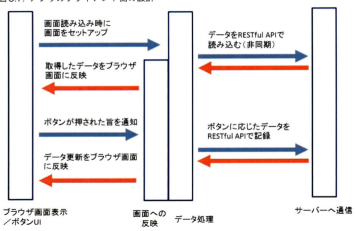

図 5.8: Vue の簡単な実装例

　本書では、「動作に応じた画面表示を行うモジュール」の実装に、Vue.js フレームワークを利用します。Vue.js フレームワークを利用する理由は以下です。
・jQuery 等の他のライブラリとの共存が楽
・少ない機能なら、少ないコードで実装ができる（導入ハードルが低い）。

　Vue.js フレームワーク自体は、サーバーサイドの UI レンダリングでの利用が主用途です。しかし、クライアント側の UI ライブラリとしても利用可能です。本書では、クライアント側の UI ライブラリとして利用するため、Node.js 環境への「npm install vue」や「npm install vue-cli」

でのインストールは**行いません**。クライアント側のブラウザ上での動作とします[24][25]。Vue.jsは、リスト5.9のようにcdnjsを利用して読み込むだけで利用できます[26]。Vue.jsフレームワークの公式サイト[27]に掲載されている「グリッドコンポーネント」のサンプル[28]を利用して作成していきます。なお、公式サイトのチュートリアルが大変分かりやすいので、一読をお勧めします。

リスト5.9: Vueの簡単なjavascript例

```
    <script
 src="https://cdnjs.cloudflare.com/ajax/libs/vue/2.4.2/vue.min.js">
    </script>
```

5.7.1 Vue.jsフレームワークでの簡単なサンプル

Vue.jsについて簡単な例で、先ずは動作確認をします。公式サイトの「はじめに＞ユーザー入力の制御」[29]に従って行います。リスト5.10とリスト5.11のようなコードを作成します。公式サイトのサンプルとほぼ同じですが、Mochaによるテストを考慮して少し変更しています。この2つのファイルを「5.5 Expressフレームワークで簡単に実装」で作成したフォルダの、src\publicフォルダ配下に格納します。リスト5.11はsrc\public\javascriptsフォルダ配下に格納します。

リスト5.10: Vueの簡単なhtml例

```
<!DOCTYPE html>
<html>
  <head>
    <!-- simple_vue.html -->
    <script
     src="https://cdnjs.cloudflare.com/ajax/
          libs/vue/2.4.2/vue.min.js">
    </script>
    <script src="./javascripts/vue_simple.js"></script>
  </head>
  <body>
    <div id="app">
```

24.公式ページにも「特にまだ Node.js ベースのツールについて精通していない場合、初心者が vue-cli で始めることは推奨しません。」とあります。https://jp.vuejs.org/v2/guide/index.html#はじめに

25.なお、グラフ表示の部分は、クライアント側で Chart.js を利用します。Vue.js と共存可能です。

26.CDN=Content Delivery Network の略です。Vue.js の公式サイトには「cdnjs 上でも利用可能です。(cdnjs は同期に少し時間がかかるため、最新版ではない可能性があります)。」と記載されています。今回はこれを利用します。https://jp.vuejs.org/v2/guide/installation.html#CDN

27.Vue.js の公式サイト。https://jp.vuejs.org/

28.グリッドコンポーネントの公式サンプルはこちら。https://jp.vuejs.org/v2/examples/grid-component.html

29.https://jp.vuejs.org/v2/guide/#ユーザー入力の制御

```
      <p> {{ message }} </p>
    </div>
  </body>
</html>
```

リスト5.11: Vueの簡単なjavascript例

```
/*
 * [vue_simple.js]
 */
var _vueApp = function( createVueInstance ){
    var app = createVueInstance({
        el: '#app',
        data: {
            message : "Hello Vue!"
        }
    })
};
if( this.window ){
    var CREATE_VUE_INSTANCE = function(options){
        return new Vue(options);
    };
    window.onload = function(){
        // html側のDOM読み込みが終わってから、
        // Vue.jsを適用する。
        _vueApp( CREATE_VUE_INSTANCE );
    };
}else{
    exports.vueApp = _vueApp;
}
```

　リスト5.10のhtmlファイルをブラウザで表示します。図5.8が表示されれば成功です。

　htmlファイル内では、「{{ message }}」とだけ書いたところが、Vue.jsフレームワークにより、javascriptファイル側で定義した「message : "Hello Vue!"」の値に書き換えられて表示されます。今後、messageの値をjavascriptファイル側で任意に書き換えることで、ブラウザ側でのhtml表示も連動して変更されます。表示内容を動的に変更する場合に、html側を一切気にせずに、javascript内のコードにだけ注力することができます。

5.7.2　Vue.js + axiosでグリッドビュー表示とajaxを実装

　実際に、クライアント側のアプリケーションのUIを作成していきます。作成するのは、ユーザーを識別するメールアドレス（ID代わり）を入力するテキストボックスと、起床と就寝を記

98 ┃ 第5章　起床と就寝を記録するWebブラウザアプリを公開

録するためのボタンと、記録結果を表示するグリッドビューです。

　Vue.jsフレームワークの公式サイトに掲載されている「グリッドコンポーネント」のサンプル[30]に対して、本アプリで最低限必要となるのは「グリッド表示」のところだけです。公式サイトのサンプルコードに含まれている「並び替え機能」と「フィルター機能」を省いて、先ずは実装します。公式のサンプルコードで利用しているVue.jsの「コンポーネント」の機能はそのまま利用します[31]。

　リスト5.12とリスト5.13のファイルをpublicフォルダ配下、public\javascriptsフォルダ配下にそれぞれ格納してください[32]。

リスト5.12: Vueでグリッド表示のhtml例

```html
<!DOCTYPE html>
<html>
  <head>
    <!-- client_app.html -->
    <script
     src="https://cdnjs.cloudflare.com/ajax/
         libs/vue/2.4.2/vue.min.js">
    </script>
    <script src="./javascripts/vue_client.js"></script>
    <link rel="stylesheet" type="text/css"
         href="./stylesheets/client_app.css">
    <!-- component template -->
    <script type="text/x-template" id="grid-template">
      <table>
        <thead>
        <tr>
          <th v-for="key in columns">
            {{ key | capitalize }}
          </th>
        </tr>
        </thead>
        <tbody>
        <tr v-for="entry in filteredData">
          <td v-for="key in columns">
            {{entry[key]}}
          </td>
        </tr>
        </tbody>
```

---

30. グリッドコンポーネントの公式サンプルはこちら。https://jp.vuejs.org/v2/examples/grid-component.html
31. コンポーネントについては、公式サイトのこちらのページを参照ください。https://jp.vuejs.org/v2/guide/components.html
32. 「5.7.1 Vue.jsフレームワークでの簡単なサンプル」で作成したファイルは削除しても構いません。残しておいても、動作上の問題はありません。

第5章　起床と就寝を記録するWebブラウザアプリを公開　99

```
      </table>
    </script>
  </head>
  <body>
    <!-- grid-view element -->
    <div id="app_grid">
      <vue-my-element-grid
        :data="gridData"
        :columns="gridColumns">
      </vue-my-element-grid>
    </div>
  </body>
</html>
```

リスト5.13: Vue でグリッド表示 javascript の例

```
/**
 * [vue_client.js]
    encoding=utf-8
 */
var _setVueComponentGrid = function( staticVue ){
    // register the grid component
    staticVue.component('vue-my-element-grid', {
        template: '#grid-template',
        props: {
            // filterKey: String,
            data: Array,
            columns: Array
        },
        computed: {
            filteredData : function() {
                return this.data;
            }
        }
    });
};
var _vueAppGrid = function( createVueInstance ){
    var app_grid = createVueInstance({
        el: '#app_grid',
        data: {
            searchQuery: '',
            gridColumns: ['time', 'activity'],
            gridData: []
```

100 | 第5章 起床と就寝を記録する Web ブラウザアプリを公開

```
        },
        methods : {
            getGridData() {
                var promise = new Promise((resolve,reject)=>{
                    setTimeout(function() {
                    resolve({"data" : [
                        { time: "2017-09-29 07:20",
                          activity: '起きた' },
                        { time: "2017-09-30 01:55",
                          activity: '寝る' },
                        { time: "2017-09-30 05:55",
                          activity: '起きた'},
                        { time: "2017-09-30 18:00",
                          activity: '寝る' }
                    ]});
                    }, 500);
                });
                promise.then((response)=>{
                    this.gridData = response.data;
                });
            }
        },
        mounted() {
            this.getGridData();
        }
    });
    return app_grid;
};
// （以下、略）
```

　グリッドビューに表示するデータは、ダミーデータとして以下を仮に設定しています。最終的目標は、RESTful APIを用いてサーバー側から表示データを取得して表示することです。その為、非同期に表示することを意識して、敢えて「ページの読み込み後から500ミリ秒後にグリッドビューにデータを設定する」作りとしています。

```
{ time: "2017-09-29 07:20",  activity: '起きた' },
{ time: "2017-09-30 01:55",  activity: '寝る' },
{ time: "2017-09-30 05:55",  activity: '起きた'},
{ time: "2017-09-30 18:00",  activity: '寝る' }
```

ブラウザでpublic\client_app.htmlを開いて、一瞬遅れてグリッドビューが表示される

様を確認してください。なお、表示確認に用いるブラウザはChromeからFireFoxとしてください[33]。

htmlファイルとjavascriptファイル、Vue.jsフレームワークの、それぞれの役割は以下です。

・[htmlファイル]

アプリの表示の枠組みを実装します。

・[javascriptファイル]

htmlファイルの枠組みに紐付けた表示用データを更新します。

html側からのボタンクリックなどに応じた動作を行います。

・[Vue.jsフレームワーク]

htmlファイルとjavascriptファイルを紐付けます。

html側でのユーザー入力をjavascriptファイルの変数に、javascriptファイルの変数の値の更新をhtmlファイル側の表示に反映します。

本書で作成するアプリケーションでは、クライアント側のブラウザからのRESTful API呼び出しのためのライブラリとして、axiosを採用します。axiosライブラリもcdnjsから読み込みます[34]。axiosライブラリを利用することで、リスト5.14のように簡単にGET／POSTを実行することができます。実行結果はpromiseが返るので、thenで続く処理を書けるのが便利です[35][36]。

axiosライブラリも含めた本節のサンプルコード一式はリスト5.15になります。サポートサイトから取得してください[37]。

リスト5.14: axiosでのajax利用の例

```
axiosInstance.get(
    url,
    {
        "crossdomain" : true,
        "params" : queryGet
    }
).then(function(x){
    var response = x.data;
    console.log( response );
});
```

---

33. Internet Explorer は、Promise モジュールをサポートしていないため、標準では動作しません。／Internet Explorer でも Polyfill ライブラリ、たとえば MIT ライセンスの「native-promise-only」を用いれば Promise モジュールを利用できますが、本書では割愛します。https://www.petitmonte.com/javascript/continuous_reading_file_promis.html ／ Polyfill とは IE などのブラウザで搭載されていない新機能をライブラリを使用して使用できるようにするものです。

34. 以下の URL を外部 javascript ファイルとして読み込むだけです。https://cdnjs.cloudflare.com/ajax/libs/axios/0.16.2/axios.min.js

35. axios の公式サンプルはこちらを参照ください。https://github.com/axios/axios#example

36. axios ライブラリによる、ajax でのデータ取得と、Vue.js への反映は、こちらのサイトが分かりやすいです。http://kagasu.hatenablog.com/entry/2017/07/23/170037

37. 本章での実装は「取り掛かりやすさ」と「テストフレームワークの適用のしやすさ」を優先しております。実際の開発を進めていくうえでは、ブラウザ環境と Node.js の環境の動作の違いを吸収するには本章の方法ではなく、トランスパイルする方法が多く使われます。そうすることで、例えば ES6 に準拠した可読性の良いコード書くこともできます。しかし、トランスパイルの学習コストが発生するため、本書では触れません。

102 　第5章　起床と就寝を記録する Web ブラウザアプリを公開

```
axiosInstance.post(
    url,
    postData
).then(function(x){
    var response = x.data;
    console.log( response );
});
```

リスト 5.15: ライフログ Web アプリのファイルリスト

```
db/*
package.json
server.js
src/api/activitylog/api_method.js
                  /api_param.js
                  /api_v1_base.js
                  /index.js
                  /initialize.js
                  /user_manager.js
        /sql_db_io/index.js
                  /shaping_param4db.js
                  /sql_lite_db_crud.js
        /debugger.js
        /factory4require.js
        /sql_config.js
    /app.js
    /public/brw_lib/*
            /client_app.html
            /hello_static.html
            /images/*
            /javascripts/*
            /simple_vue.html
            /stylesheets/*
    /routes/*
    /views/*
test/activitylog/api_method_test.js
                /api_v1_base_test.js
                /initialize_test.js
                /user_manager_test.js
    /sql_db_io/shaping_param4db_test.js
              /sql_lite_db_crud_test.js
              /sql_lite_db_test_actual.js
```

第5章　起床と就寝を記録する Web ブラウザアプリを公開　103

```
/support_stubhooker.js
/vue_client/chart_sleeping_test.js
            /manage_account_test.js
            /vue_client_test.js
            /vue_simple_test.js
```

環境変数を設定したうえでローカル Http サーバーを起動します。その状態で、クライアント側からのアカウント登録から、起床、就寝の時刻データの登録、登録済みデータの参照までをテストします。

このとき、クライアントのブラウザベースのアプリケーションは「http://localhost:3000/client_app.html」でアクセスします[38]。初回のアクセス時は「登録してください」画面が出るので、メールアドレスとパスワードを登録します。登録が成功したら「起床」ボタンを押してみましょう。グリッド表示部分に、時刻とともに「起床」が追加されたら成功です。同様に「就寝」のボタンの動作も検証しましょう。一度、ブラウザを閉じて再度アクセスしてみましょう。先ほど登録した内容が、そのまま表示されれば、動作成功です。

5.8　クライアント側UIを含めてAzure上で動作確認をする

作成したサーバー側とローカル側のコードを Azure へアップロードして、実際にスマホ上から動作確認を行います。

Azure へのソースコードのアップロード前に、クライアント側の html ファイルに、アイコンを設定します。html ファイルのヘッダにリスト 5.16 の link タグを追加して、アイコンファイルと指定します。

リスト5.16: ホームアイコンに表示するアイコンの指定方法

```
<link rel="apple-touch-icon-precomposed"
      href="./アイコンファイル.png" />
```

こうしておくと、スマートフォン上の Chrome から「ホーム画面に追加」を行った際に、ショートカットのアイコンとして表示できます。ホーム画面に作成したショートカットをクリックすることで、あたかも通常の Android アプリケーションであるかのように起動することができます。以上で、Azure へのアップロード前の設定は終わりです。

GitHub のリポジトリにコミットして、Push してください。これまで作成してきたリポジトリは、「5.6 Azure Web Appへ配置と設定の仕方」にて既に Azure のアカウントに紐付けてあ

---

38. ローカルファイルとして 「file://」のプロトコルで開いてしまうと、ajax でのクロスドメインの扱いが面倒になります。これを避けるために http として同じドメインとして開きます。

ります。そのため、クライアント側のソースコードをGithubのリポジトリにコミットすれば、自動的にAzure側に配置が完了します。

先ずはパソコン上のChromeから次のURLにアクセスしてみましょう。アカウント登録から、データの表示までをテストします。

```
http://[Azureサーバーのドメイン]/client_app.html
```

続いて、Androidスマホ端末のChromeから同様にアクセスします。アクセスする際には、先ほどのパソコン上からの登録時に用いたメールアドレスとパスワードのセットを用います。パソコン上で登録済みのデータが同様に表示されることを確認してください。

スマホ端末のChromeでページを表示した状態で、ブラウザメニューから「ホーム画面に追加」を選択します。ブラウザを閉じてホーム画面に戻ります。スマホ端末のホーム画面に、設定したアイコンが追加されていることを確認してください。ホーム画面の、本アプリのアイコンをクリックするとChromeが開いて先ほどのアプリケーションの画面が表示されます。これで、スマホ向けのネイティブアプリケーションのように、ホーム画面から容易に利用することが出来るようになりました[39]。

以上をもって、「起床と就寝時間を記録して表示するアプリケーション」を公開することが出来ました。

図5.9 本アプリケーションの表示例

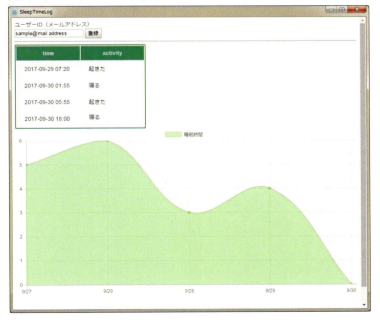

---

[39] もちろん、ブラウザのお気に入りからアクセスするスタイルでも問題ありません

付録A　バッテリー残量記録の仕様

　第3章「バッテリーを記録して、マルチデバイスから参照できるアプリを作る」と第4章「バッテリー記録アプリを、Azureサーバー上に公開する」で利用するサンプルコードのAPI仕様と、動作概要は次のようになります。より詳細なAPI仕様はサポートページを参照ください。

A.1　API仕様

- /api/v1/show

  GETメソッド

  nameパラメータを持ち、APIの情報を表示する

  nameに指定する値は「version」のみ有効。本APIのバージョン情報を返す

- /api/v1/sql

  GETメソッド

  パラメータなし

  SQL Serverへの接続検証を行う。接続のみで実際のテーブルに対するInput/Ouputは行わない

- /api/v1/batterylog/add

  POSTメソッド

  mac_addressとbattery_valueパラメータを持ち、バッテリー残量をデータベースのbatterylogsテーブルに記録する。

  owners_permissionテーブルに記載のデバイスキーに対応するMACアドレスのみを許可する。また記録数は、同テーブル内のmax_entrysを上限とする

- /api/v1/batterylog/show

  GETメソッド

  device_key、start、endパラメータを持ち、記録済みのバッテリー残量を取得する

  owners_permissionテーブルに記載のデバイスキーのみを許可する。device_keyは必須パラメータ。startとendは省略可能。省略した場合はstartは7日前、endは当日を指定したものとして扱う

- /api/v1/batterylog/delete

  POSTメソッド

  device_key、start、endパラメータを持ち、記録済みのバッテリー残量を削除する

  owners_permissionテーブルに記載のデバイスキーのみを許可する。device_keyは必須パ

106　付録A　バッテリー残量記録の仕様

ラメータ。startとendは省略可能。省略した場合はstartは無期限、endは8日前を指定
したものとして扱う

A.2　APIの動作概要

・/api/v1/show

　　パラメータを解析、name=versionであれば1.00を返却する

・/api/v1/sql

　　SQL Serverへの接続を行い、成功すれば「sql connection is OK!」の文字列を返す

・/api/v1/batterylog/add

　　パラメータの検証とデフォルト値作成

　　SQL Serverへ接続

　　SQLへのI/Oが許可されているか？を確認（デバイスキーの有無）

　　バッテリーログをデータベースへ記録

・/api/v1/batterylog/show

　　パラメータの検証とデフォルト値作成

　　SQL Serverへ接続

　　SQLへのI/Oが許可されているか？を確認（デバイスキーの有無）

　　バッテリーログをデータベースから取得して返却

・/api/v1/batterylog/delete

　　パラメータの検証とデフォルト値作成

　　SQL Serverへ接続

　　SQLへのI/Oが許可されているか？を確認（デバイスキーの有無）

　　バッテリーログをデータベースから削除

付録B　SQLiteデータベースをグラフィカルに参照する方法

　無償で公開されているツール「DB Browser for SQLite Windows」を利用すると、SQLiteデータベースの中身をグラフィカルに参照することができます。使い方は、ツールの公開サイト[1]のトップページにある「Windows.exe」ボタンからダウンロードしてインストールするだけです[2]。ツールを起動し、メニューから「File > Open Database...」を選択し、参照するSQLiteデータベースのファイルを開きます。すると、図B.1のように、「Database Structure」タブにテーブル一覧が表示されます。テーブル内に格納されているデータは「Browse Data」タブで参照できます（図B.2）。

図B.1: DB Browser for SQLite その1

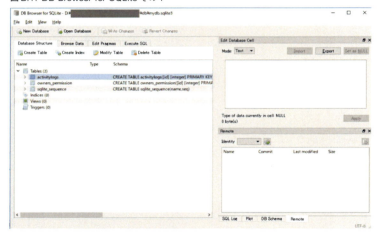

---

1. http://sqlitebrowser.org/
2. サイト「DB Browser for SQLite のダウンロードとインストール」の解説が分かりやすいです。https://www.dbonline.jp/sqlite-db-browser/install/index1.html

図B.2: DB Browser for SQLite その2

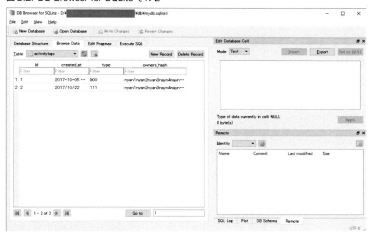

付録C　Windows向けにElectronでネイティブアプリ化する

　Windows向けのアプリケーション提供をElectronでWindows向けのネイティブアプリ化する方法を説明します。作業用に任意のフォルダを作成してください[1]。作成したフォルダに移動し、コマンドラインから「npm install nativefier」を実行します。これによりnativefierモジュールがインストールされます[2]。[3]次のコマンドを実行します。紙面の都合上2行で書いていますが、1行で記述してください。

```
node_modules\.bin\nativefier.cmd
--name "アプリケーション名" "Azureに公開したWebアプリの表示用のURL"
```

　進捗画面が表示され（図C.1）、しばらくすると「アプリケーション名-win32-x64」というフォルダが生成されます。フォルダの中に「アプリケーション名.exe」が格納されています。この実行ファイルを実行すると、WebアプリをChromeブラウザで表示した時と同じ画面が表示されます（図C.2）。WebアプリのURLを開くだけの専用ブラウザが出来ました。本フォルダ配下一式を配布することで、スマホ端末上からの操作と同様に、ブラウザを意識せずにパソコン上からも利用することができます[4]。

図C.1: Electronベースのアプリ生成中スクリーンショット

---

1. 以下の作業ではGithubリポジトリへのコミットは行いません。追加でnodeモジュールをインストールするため別フォルダでの作業を推奨しますが、同じフォルダで作業を進めても構いません
2. nativefierは任意のWebページをデスクトップアプリ化するためのツールです。具体的には、任意のWebページを開くだけの専用アプリを、Electronベースで生成してくれるツールです
3. nativefierをローカルインストールしているため、node_modules配下の実行ファイルを直接呼び出している点に注意してください。グローバルインストールする場合は、単純に「nativefier」コマンドだけでも実行が可能です
4. ここでは、Windows向けに生成しましたが、Mac向けやLinxu向けに生成することで、同様に利用することが可能です

図C.2: Electronベースでネイティブアプリ化した表示例

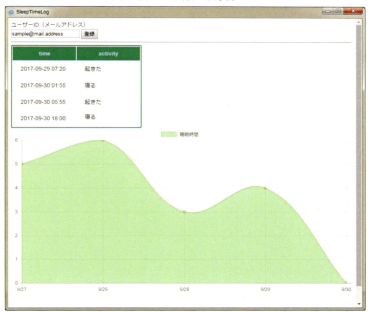

著者紹介

窓川 ほしき（まどかわ ほしき）

大学時代に、趣味でWindowsアプリケーションの作成を始める。アプリはVectorで公開し、ダウンローダーのカテゴリーで人気1位を獲得。2016年にNode.jsと出会い「こんなに簡単にサーバーサイドのコードも書けるのか！」と感動、Webブラウザベースのツール作成を開始する。「JavaScriptでの作成の手軽さとAzureでの公開の簡単さを伝えたい」と、技術系同人誌の即売会イベントにて同人誌を頒布していたところ、商業出版の声がかかる。Web上での名前は「ほしまど」。最近のマイブームは劇場版BLAME!。

◎本書スタッフ
アートディレクター/装丁：岡田章志＋GY
編集協力：飯嶋玲子
デジタル編集：栗原 翔

技術の泉シリーズ・刊行によせて
技術者の知見のアウトプットである技術同人誌は、急速に認知度を高めています。インプレスR&Dは国内最大級の即売会「技術書典」（https://techbookfest.org/）で頒布された技術同人誌を底本とした商業書籍を2016年より刊行し、これらを中心とした『技術書典シリーズ』を展開してきました。2019年4月、より幅広い技術同人誌を対象とし、最新の知見を発信するために『技術の泉シリーズ』へリニューアルしました。今後は「技術書典」をはじめとした各種即売会や、勉強会・LT会などで頒布された技術同人誌を底本とした商業書籍を刊行し、技術同人誌の普及と発展に貢献することを目指します。エンジニアの"知の結晶"である技術同人誌の世界に、より多くの方が触れていただくきっかけになれば幸いです。

株式会社インプレスR&D
技術の泉シリーズ　編集長　山城 敬

●お断り
掲載したURLは2018年4月13日現在のものです。サイトの都合で変更されることがあります。また、電子版ではURLにハイパーリンクを設定していますが、端末やビューアー、リンク先のファイルタイプによっては表示されないことがあります。あらかじめご了承ください。
●本書の内容についてのお問い合わせ先
株式会社インプレスR&D　メール窓口
np-info@impress.co.jp
件名に『『本書名』問い合わせ係』と明記してお送りください。
電話やFAX、郵便でのご質問にはお答えできません。返信までには、しばらくお時間をいただく場合があります。なお、本書の範囲を超えるご質問にはお答えしかねますので、あらかじめご了承ください。
また、本書の内容についてはNextPublishingオフィシャルWebサイトにて情報を公開しております。
http://nextpublishing.jp/

●落丁・乱丁本はお手数ですが、インプレスカスタマーセンターまでお送りください。送料弊社負担 てお取り替え
させていただきます。但し、古書店で購入されたものについてはお取り替えできません。
■読者の窓口
インプレスカスタマーセンター
〒101-0051
東京都千代田区神田神保町一丁目 105番地
TEL 03-6837-5016／FAX 03-6837-5023
info@impress.co.jp
■書店／販売店のご注文窓口
株式会社インプレス受注センター
TEL 048-449-8040／FAX 048-449-8041

技術の泉シリーズ
Azure無料プランで作る！初めてのWebアプリケーション開発

2018年4月13日　初版発行Ver.1.0（PDF版）
2019年4月5日　　Ver.1.1

著　者　窓川 ほしき
編集人　山城 敬
発行人　井芹 昌信
発　行　株式会社インプレスR&D
　　　　〒101-0051
　　　　東京都千代田区神田神保町一丁目 105番地
　　　　https://nextpublishing.jp/
発　売　株式会社インプレス
　　　　〒101-0051　東京都千代田区神田神保町一丁目 105番地

●本書は著作権法上の保護を受けています。本書の一部あるいは全部について株式会社インプレスR
&Dから文書による許諾を得ずに、いかなる方法においても無断で複写、複製することは禁じられています。

©2018 Hoshiki Madokawa. All rights reserved.
印刷・製本　京葉流通倉庫株式会社
Printed in Japan

ISBN978-4-8443-9821-9

NextPublishing®

●本書はNextPublishingメソッドによって発行されています。
NextPublishingメソッドは株式会社インプレスR&Dが開発した、電子書籍と印刷書籍を同時発行できる
デジタルファースト型の新出版方式です。https://nextpublishing.jp/